城市空间设计

CHENGSHI KONGJIAN SHEJI

张 威 赵 坚 李 江◎著

北京师范大学出版集团
BEIJING NORMAL UNIVERSITY PUBLISHING GROUP
北京师范大学出版社

图书在版编目（CIP）数据

城市空间设计/张威，赵坚，李江著. —北京：北京师范大学出版社，2014.5
ISBN 978-7-303-17095-1

Ⅰ.①视… Ⅱ.①张… ②赵… ③李… Ⅲ.①城市空间—建筑设计 Ⅳ.①TU984.11

中国版本图书馆CIP数据核字（2013）第 222234 号

营 销 中 心 电 话	010-58802181 58805532
北师大出版社高等教育分社网	http://gaojiao.bnup.com
电 子 信 箱	gaojiao@bnupg.com

出版发行：北京师范大学出版社 www.bnup.com
北京新街口外大街 19 号
邮政编码：100875

印　　刷：保定市中画美凯印刷有限公司
经　　销：全国新华书店
开　　本：184 mm × 260 mm
印　　张：11.25
字　　数：239 千字
版　　次：2014 年 5 月第 1 版
印　　次：2014 年 5 月第 1 次印刷
定　　价：35.00 元

策划编辑：王　强　　　　责任编辑：王　强
美术编辑：刘松弢　　　　装帧设计：刘松弢
责任校对：李　菡　　　　责任印制：陈　涛

前　言

　　城市作为现代生活的载体，正在发生着日新月异的变化，城市空间环境的优劣直接影响着公众的生活品质。如何营造好不同层次的城市空间，不只是被设计师所关注，也是摆在城市决策者及公众面前的问题。

　　城市空间设计旨在通过对城市空间结构、不同层次的户外场进行有目的地营造，使城市更好地满足公众的户外活动要求，丰富公众的日常体验，并能很好地反映城市的历史性、地域性与时代感。城市空间是一个相互关联且具有多层次的系统，不同层次的空间在遵循公众日常行为规律作用下存在一定的秩序性。因此，在进行不同层次的户外场所设计时，尽管有些户外场所存在一定的私有性质，但仍应先将这一户外场所放在有机的城市空间体系中进行分析，然后再将其作为单独个体做进一步的细化，这样才能使这一空间更好地融入整个城市空间体系中，不同层次户外场所的"社会化"才能得以真正实现。

　　本书作者将多年的城市空间环境设计成果及实践经验梳理成文字，以期与读者共享，不足之处敬请同行予以指正。在写作过程中得到了许多设计单位及同仁的支持与帮助，感谢内蒙古工业大学建筑设计院院长张鹏举教授、高旭、何柳。书中多个项目都是依托在工大建筑设计院进行的；感谢金昌系列项目组成员：赵坚、邹旻、陈熙、边宇、王晓燕，书中部分案例是这个设计团队的近期成果；写作过程中中央美术学院王铁教授给予悉心教导，在此一并表示感谢。对于书中引用部分有关文论、图例等，因无法查证作者而未能列出检索，敬请原谅。

张　威

北京联合大学师范学院艺术设计系

2013 年 2 月

目　　录

第一章 城市空间设计概述

第一节 城市空间内涵

一、城市空间内涵

城市作为公众生活的载体，承载着公众日常行为的方方面面。城市是公众与环境相互作用的结果，并在相互作用的过程中形成了不同的层次空间与内在结构。城市空间通常是指城市中建筑实体之间存在的、供公众进行日常活动的、不同层次的户外活动场所，城市空间由公众营造并服务于公众。

城市空间作为公众活动的户外场所有其自身的空间特征：第一，城市空间是一个有机的空间体系，必须从整体性的角度来理解城市空间；第二，城市空间是一个相互关联、具有多层次的系统，不同层次的户外场所在遵循公众日常行为规律作用下存在一定的秩序性(这一秩序性可通过道路连接体现)；第三，在强调城市空间的整体性及秩序性的同时，也要明确不同层次的户外场所有其相对的独立性，尽管有些户外场所的围合边界相对松散。因此，在对城市空间不同层次的户外场所进行设计时，应先将这一户外场所放在有机的城市空间体系中进行分析，然后再将其作为单独个体做进一步的细化。

二、城市空间设计特点

城市空间是客观存在且能被公众感知的人为环境，它是公众有目的地创造环境的结果。城市空间既要满足公众在此活动的功能要求，还能为公众心理营造一个安全氛围。许多早期的城市空间大都是由城市的自组织生长形成的，客观环境存在着有利于生成场所的因素，使得不同层次的户外空间得以自发形成；而当城市发展的速度过快，或缺少生成户外场所的有利因素时，就必须依靠人工手段——规划，来营造公众所需的活动空间，当然这种空间在形成过程中受人为因素干扰过大，需谨慎设计。

城市空间设计旨在通过对城市空间结构、不同层次的户外场所进行有目的地营造，使城市更好地满足公众的户外活动，丰富公众的日常体验，并能很好地反映城市的历史性、地域性与时代感。

第二节　城市空间设计原则

一、服务公众原则

城市空间设计不是单纯的视觉设计，更不是几何图形的排列组合，城市空间必须能够满足公众对丰富户外体验及日常活动的需求，且须照顾到最大范围的公众需要，不要因为设计原因，而将一些公众(诸如残疾人)排除在外。

二、整体性原则

将城市视为一个可以生长的有机体，这是做好城市空间设计的前提。城市空间是一个相互关联、具有多层次的系统，不同层次的户外空间在遵循公众日常行为规律作用下存在一定的秩序性(这一秩序性可通过道路连接体现)，因此在进行不同层次的户外场所设计时，尽管有些户外场所存在一定的私有性质，但仍应先将这一空间放在有机的城市空间体系中进行分析，然后再将其作为单独个体做进一步的细化，这样才能使户外场所更好地融入整个城市空间体系中，不同层次户外场所的"社会化"才能得以真正实现。

三、层次划分原则

在进行城市空间设计时，将设计项目涉及的户外场所进行空间层次的划分是非常必要的，因为城市空间系统中不同层次的户外场所在进行构建时会采用不同的设计手法。本书依据户外场所对外开放程度、公众服务范围及公众在其内部活动的行为特点，拟将城市空间划分为 6 个设计层次：城市整体空间(城市设计)、街区空间、城市广场、园区空间、居住区空间、建筑所属外部空间，并通过案例来阐述不同层次空间的设计要点。

四、满足功能原则

城市空间是应公众的户外活动而设立的，因此营造的户外场所在功能方面必须切实满足公众活动的需要。注重功能的城市空间设计既能让公众活动在这一户外场所有序展开，又能给活动其中的公众带来愉悦。

五、突出特色原则

城市空间存在着一定的特色，这一特色往往是地域特征、历史文化、民族传统等因素共同作用的结果。城市特色的存在有其合理性，在对城市空间不同层次的户外场所进行设计时，都应将城市空间特色作为重要设计依据来考虑。

六、良好视觉效果

尽管意识到城市空间设计是为公众营造丰富的、多层次的户外体验空间，而不是单纯的视觉设计，但具有良好视觉效果的户外空间仍是带给公众愉悦的重要手段。因此，在从服务公众角度出发、充分满足公众活动需要的前提下，注重户外场所的视觉效果，仍是设计师所需遵循的重要设计原则。

七、安全性原则

城市空间的安全与否会直接影响城市空间利用率，在进行城市空间设计时，往往需要平衡安全隐患及视觉效果之间的矛盾。如从安全角度来看，城市空间内部的视线应尽可能通透，而从视觉效果方面考虑则空间需要有层次，不要一览无余。当然，设计时应尽可能在满足安全需要的前提下，进行视觉效果的调整。设计不可能解决所有空间中的安全问题，却可以在一定程度上减少安全隐患；同时还可以通过采用完善的城市空间管理机制，来预防犯罪的发生。

八、可持续发展原则

既然将城市看成是一个可生长的有机体，那么这个有机体必然会与周边的自然环境存在依存关系，如果城市这一有机体能够与周边环境呈现出互惠，则将有利于城市的生存与发展。因此，在进行城市空间不同层次户外场所设计时，尽量将户外场所的营造向着与周边环境互惠的方向发展，从而开启良性的城市空间发展机制。

第三节　城市空间构成要素

城市空间是公众与环境相互作用的结果，并在相互作用的过程中形成了城市空间体系的结构与层次，不同层次的城市空间都是由市民个体与他人所共有，并符合公众活动所需的多种功能场所。城市空间体系内相互联系、相互制约、相互依赖的构成要素之间按照其内在的规律与结构紧密地组织在一起，共同构成了公众对城市空间的总体意象，这种意象往往也反映了城市空间体系内在的结构特征。

许多专业人士都曾对城市空间的构成要素进行过分析，由于研究角度的不同，归纳的城市空间构成要素也存在着一定的差距。美国设计师凯文·林奇撰写的《城市意象》一书，从公众认知意象来研究城市空间，将城市空间构成要素归纳为道路、边界、区域、节点、标志；挪威建筑师及建筑理论家诺尔格·舒尔兹在《存在空间建筑》一书中，用知觉心理学的方法把空间分为中心、方向、区域三部分；而美国的奥斯卡·纽曼从领域角度在城市环境中提出了一个由私密性空间、半私密性空间、半公共性空间及公共空间构成的空间体系的设想。

由于本书认为城市空间是为丰富公众户外体验而设计的，那就应从公众户外体验角度对城市空间的设计要素进行分析。凯文·林奇从认知城市的角度将城市空间要素归为道路、边界、区域、节点、标志五点，而本书则是将不同城市空间都具有的构成要素归纳为六点：中心、边界、区域、道路、节点、出入口。

一、中心

中心存在的意义在于引领空间诸要素，吸引公众视线的停留。这里提到的中心可以是位于空间中央的一个具象的构筑物，也可能是一个围合的虚空间范围。如是一个具象的构筑物，则等同于凯文·林奇提到的"标志物"，通过这一独特的标志，来帮助公众感知这一户外场所的存在以及帮助公众快速了解这一户外场所的结构系统，同时也起到确定自身所在空间位置的作用。当然，作为虚空间范围的中心也同样能起到帮助公众识别这一空间的作用。

二、边界

边界通常是指限制不同层次户外场所的围合界面，对空间进行围合的界面可能是自然形成的，如河流、山体。当然，多数为人工构筑的，如道路、栏杆、不同材质的铺地等。边界的存在是为了限定空间的范围，让公众对户外活动空间的形状、大小有一个清楚的认识。

三、区域

区域是一个二维的概念，同时也可进行层次划分，区域既可以指代整个户外场所，也可以指代户外场所内部的不同功能区域。因此，使用区域这一概念时，需要明确它所指代的层次范围。

四、道路

道路存在的主要意义是用来引导公众进入目的空间，道路既包括引导公众进入空间的外围路径，也包括引导公众在空间内部活动的路径。道路的形成通常遵循"节约"原则，因此，往往选择距离目标最近的直线路径，这与公众喜欢抄近道的习惯是一致的，除非是为了避开某些障碍或有目的地延长行走距离或是从视觉需要出发，才会设计弯曲的道路。

五、节点

节点是公众在空间活动路线上的变换点，公众往往在此处变换活动方向；同时，节点也可能是空间的核心。形成节点的方式很多，只要是能够提醒公众进行视线停留及方向改变的变换点，都可认为是空间中的节点。节点同样是个有层次的概念，它既可以是一个水池，也可能是道路交叉口，还可以是一个更大的范围。

六、出入口

出入口的作用是将不同层次的户外空间与整个城市空间体系相连。不同层次的户外场所通过边界得以限定，从而获得相对独立的空间给公众以安全感，但边界的限定不应将户外场所与周边完全隔离，必须通过出入口的设置来与外界产生联系。

第二章 城市空间设计方法

优秀的城市空间必须便于使用、易于识别。便于使用，就需从公众的具体使用角度出发，去进行认真营造；而易于识别，则需设计成具有特色的区域、明确的中心、便捷的道路及出入口和令人经过后便会难忘的节点。

第一节 层次定位

城市空间是一个满足公众日常活动，由多层次户外场所构成的空间体系。不同层次的空间分散在城市中，为公众提供各种活动所需的户外场所，按照一定的组织形式构成了一个有机的城市空间体系。这一空间体系使公众之间得以沟通，公众与环境得以交流，从而体现了公众的社会特性。

不同的户外场所有其内在的组织方式和结构特点，在进行城市空间设计时，首先应确定项目涉及的户外场所在城市空间中所处的层次非常重要。不同层次的户外场所，因其在公众城市生活中扮演的角色不同，内部功能划分也会存在区别，同时服务的公众群体也不一样。合理地确定户外场所所处城市空间的层次，有利于营造出符合城市发展、体现区域特色、便于公众使用的户外场所。

本书依据户外场所对外开放的程度、公众服务范围及公众在其内部活动的行为特点，将城市空间划分为城市设计（城市整体空间）、街区空间、城市广场、园区空间、居住区空间、建筑所属外部空间六个设计层次，当然这种划分城市空间层次的方法不是绝对的，有的书中也会根据项目规模的大小来进行划分。

一、城市设计

城市设计是为了提高和改善城市整体空间环境质量，根据城市总体规划及城市社会生活、公众行为和空间形体艺术对城市进行的综合性形体规划设计。因此，城市设计更关注城市整体的户外空间系统，通过对城市的户外空间、交通、建筑、绿化体系、历史遗存等要素进行合理组织，为公众创造出舒适、方便、优美的物质空间环境，从而展示城市特色，以给人留下城市的整体印象。

二、街区空间

街区空间作为服务于城市全体公众的户外场所，无论对公众日常生活的影响、城市特色的营建，还是地域文化的传承都起着重要的作用。以直观的"线"形为表现形态的街区空间，也是城市空间系统中最为活跃的构成因素。针对街区空间的设计项目更多的是城市街区改造，城市街区空间的形成是一个长期的、自发的演变过程。优秀的街区空间往往是按照一定的有机生长方式逐渐演变成现有格局的，而非完成于一朝一夕，因此，在进行城市街区空间设计或改造时必须遵循它的演变规律。

三、城市广场

城市广场是为城市公众而设计并被其使用的。作为城市空间的重要组成部分，城市广场影响着公众对城市的感觉与印象，同时也反映了城市特有的空间形态特征及内部组织结构。城市广场位于城市空间系统的节点上，有特定使用功能及易识别性，是公众集会、休闲、娱乐的户外场所。

四、园区空间

园区空间作为城市空间体系的组成部分，也是为公众服务的，只是在具体服务范围上，有的园区面向所有公众，有些园区面向一定的团体。在本书中，将虽归属一定团体，但公众仍可使用的园区（如大学校园）也列入此空间层次范围。

五、居住区空间

居住区空间是以公众居住行为为核心的使用空间，其使用权由一部分公众所拥有，居住区的公共设施及活动场地也为这部分特定公众所使用。

六、建筑所属外部空间

建筑所属外部空间通常指在用地范围内，建筑周边受此建筑控制的附属外部空间，这一空间区域是建筑内部空间的一种延展，它从属于建筑，并为建筑内部的公众服务。

第二节 构成要素分析

在确定设计项目所涉及的户外场所所处城市空间系统的层次之后，就需要对这一层次空间的构成要素进行提炼。不同设计项目所处的环境不同，环境所承载的诸多因素也会存在差异，因此，应对设计项目的构成要素进行深入分析，按其对设计项目的作用强弱进行排序，找出并掌控影响这一户外场所营建的关键要素，从而获得公众满意的设计效果。

第三节　构建空间结构

空间结构是指户外场地内各种要素的组织方式，即空间诸要素通过组织构成的各种关系。营建空间的构成要素需通过一定方式进行组合，使之成为一个有机整体，从而在户外场所使用过程中发挥作用。组织构成要素的方法很多，常见的方式如轴线控制、视线控制等。对户外场所内部的要素进行设计的目的就是要将这些构成要素组织起来，构成一个相对完整的有机体，同时这一有机体作为整个城市空间体系的从属，又具有一定的自我调节性，以与整个城市空间体系进行协调。

第四节　细化设计

户外场所空间结构确定之后，就需要对户外场所内部的功能区域进行细化。这一细化工作涉及的内容很多，既要根据公众的实际使用需要进行中心点、出入口位置确定，边界的围合虚实处理，区域及节点的组织等，同时，也要从公众心理角度对户外场所的舒适性及安全性等进行调整，从而提供一个令公众满意的活动空间。

第三章 城市设计

第一节 城市设计原则

一、以人为本原则

以人为本是城市规则的首要原则及基本原则，充分理解和尊重公众精神及物质生活的需要，创造充满生机与活力、运转高速与便捷、生活舒适与方便并具有独特文化品位的城市发展空间，是城市规划的重要特征。

二、尊重历史原则

尊重历史建筑遗产，尊重自然生态资源，以自然的、有机的法则来进行城市道路及功能区的规划安排，效法自然生态来保证城市生态的良性循环，并在此基础上实现城市经济的良性循环。

三、生态优先原则

以生态环境的保护为前提，强调自然的、生态的、有机的城市肌理建立，实现城市发展与环境共生、共融、共长。

四、整体性原则

依托现有的城市结构，与城市其他功能区相辅相成、紧密联系，促进城市整体功能的完善，带动城市整体竞争实力的提升，力求为城市的发展与建设锦上添花。

五、设施完善原则

高标准规划建设道路系统，配置现代化的基础设施，保证充足的绿化用地，确保城市系统的良性运行，创造环境优美、设施完善、交通顺畅的城市新貌。

六、营建特色原则

城市的生命源于城市的个性与特色，充分挖掘规划区域的历史文化内涵，利用区域内自然地形多变，城市功能多样，建筑风格各异的现状特征，精心规划，打造一流的特色城市。

第二节　城市设计方法

在进行城市设计时，主要考虑的基本元素有如下几个部分：城市特色定位、规划用地布局、不同层次的户外场所、道路体系。城市特色定位主要根据城市地域特征及历史沿革，将城市特有的文化发掘出来。规划用地布局就是合理地组织城市各功能区域之间的关系，从而有效地利用土地，满足城市的发展要求。不同层次的户外场所设计是城市设计的重点所在，因为这一部分是公众最常接触，同时也最容易让公众感知进而认同的空间，这些空间构成了城市设计的核心内容。例如，体现城市对外形象的主要出入口，如空港、高速公路出口、车站、码头等。道路体系也是城市设计的重要内容，道路覆盖了整个规划用地，而且道路的组织方式实际上就是规划用地的空间结构，它起到了联系各个独立的城市设计元素的作用。连接城市各个主要功能组团之间的城市干道也是公众最常接触的区域，是城市空间序列及城市设计结构的重要载体。城市设计通常分为以下几个阶段。

一、前期调研

在进行城市设计时，首先要对包括各种地形、地质、水文、气象等自然环境资料及社会、经济统计与发展设想预测等资料进行收集，当然也包括现场踏勘、座谈走访等工作，这一阶段的工作可结合各个层次规划编制的资料收集工作同步进行。对于资料的分析则要结合城市设计的任务特点分析各种空间限制条件，为城市设计奠定基础。

二、确定设计目标

结合城市环境现状及未来的发展设想，在充分分析资料的基础上，确定城市设计的目标与任务，即明确城市设计所应达到的空间效果，与城市规划所设定的目标和定位相适应，并能为公众所感知并接受，这一阶段是后续各个阶段城市设计工作的统领与指南。

三、确定设计结构

在城市设计目标的导引下，提出设计的基本概念，并建立一种基于此概念的各个城市设计元素之间的设计结构。其目的是使各个分散的设计元素之间建立某种联系，形成一定的恰当组合，既形成符合城市发展的空间秩序，又体现城市的特色文化。

四、落实设计方案

在遵循设计结构的前提下，对各个城市设计元素进行有序组织，并通过效果图纸与模型等方式表达出来，以系统地进行规划范围内的不同层次的空间设计。此过程需要注意的是要对设计目标、设计结构的结论不断研讨，从而最大限度地满足公众的使用。

五、完善成果与措施

这部分内容通常包括两个方面：一方面是指在城市设计方案形成之后与之相匹配的设计导则；另一方面是指制定各种城市设计实施管理的政策措施。这些成果的产生是确保城市设计方案得以实施的关键。

第三节　案例分析——金昌市金水新区城市设计

一、规划总平面图及效果图(图 3-1～图 3-5)

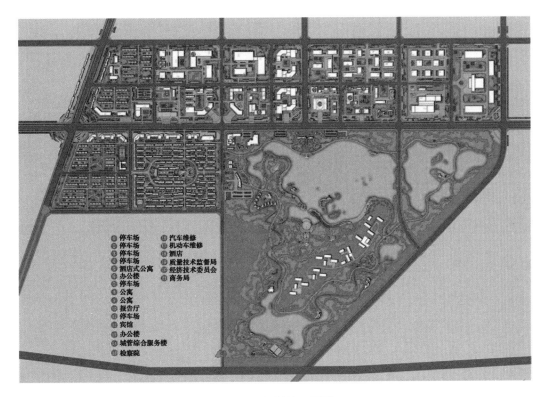

图 3-1　规划总平面图

图 3-2　效果图(1)

图 3-3　效果图(2)

图 3-4　效果图(3)

图 3-5　效果图(4)

二、前期研究

(一)项目背景

1. 区域位置

金昌市位于东经 $101°04'35''\sim102°43'40''$，北纬 $37°47'10''\sim39°00'30''$，地处河西走廊东部，祁连山脉北麓，阿拉善台地南缘。城市北、东与民勤县相连，东南与武威市相靠，西南与青海省门源回族自治县搭界，西与民乐、山丹县接壤，西北与内蒙古自治区阿拉善右旗毗邻。市人民政府驻金川，距省会兰州直线距离 306 千米(图 3-6)。

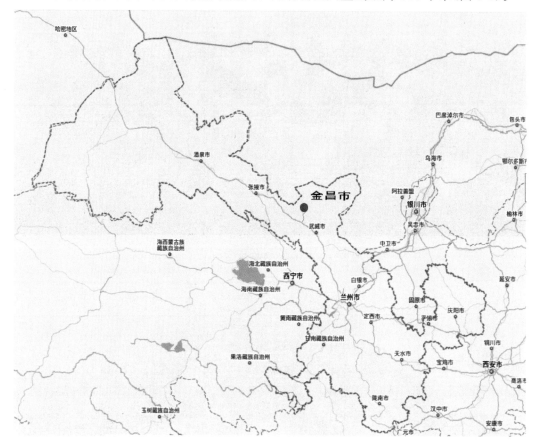

图 3-6　金昌地理位置图

2. 历史文化

(1)历史渊源

金昌历史悠久，文化源远流长，早在 4000 多年前的原始氏族社会，已有人类在此生息。商周时期，为西戎牧地，春秋至秦，月氏族驻牧于此；汉初，属匈奴休屠王辖地。从西汉武帝起，先后置鸾鸟、番和、骊靬、显美、焉支等郡县，历经兴衰更替。元设永昌路，明置永昌卫，清改为永昌县。1936 年 11 月 18 日，中国工农红军西路军进驻永昌。12 月 5 日，建立中华苏维埃永昌区政府。1949 年 9 月 19 日，中国人民解放军解放永昌，9 月 23 日，成立永昌县人民政府，隶属武威专员公署。1955 年 4 月，改为永昌县人民委员会。1956 年 3 月，隶属张掖专员公署，1961 年 12 月，改属武威专员公署领导。1968 年 5 月 7 日，成立永昌县革命委员会，隶属武威地区革命委员会。1980 年 12 月，恢复永昌县人民政府，由武威地区行政公署管辖(图 3-7)。

(2)发展历程

1958 年 8 月初，永昌县白家咀发现含铜矿。10 月，经甘肃省地质局祁连山地质队

图 3-7 丝绸之路

（今甘肃省地矿局第六地质队）取样化验，证实为含铜镍的超基性岩体。1959 年 1 月，祁连山地质队进行铜镍矿普查勘探，又证实为大型铜镍矿床。同年 6 月，成立永昌镍矿（又称 807 矿）。1960 年 7 月，改名为甘肃有色金属公司。1961 年 2 月，甘肃有色金属公司与西北冶金建设公司合并，成立金川有色金属公司。1962 年 5 月，为加速金川镍基地建设，设立金川镇。1981 年 2 月 9 日，国务院决定设立金昌市。将永昌县金川镇所属的金川地区和宁远堡、双湾两个人民公社划为金昌市的行政区域，将武威地区管辖的永昌县划归金昌市领导。金昌市由省直接领导，市人民政府驻金川。5 月，金昌市筹备小组成立。10 月，金昌市筹备委员会和中共金昌市工作委员会成立。10 月 1 日，武威地区向金昌市移交永昌县。1982 年 8 月 27 日，金昌市第一届人民代表大会第一次会议召开，选举成立金昌市人民政府（图 3-8）。

（二）上位规划分析

《金昌市城市总体规划（2009—2020）》是本次规划的重要依据。

1. 城市性质

根据城市总体规划，金昌的城市性质为：中国"镍都"；甘肃省重要的先进制造业基地；河西走廊区域中心城市之一，戈壁生态城市。

2. 城市职能

国家有色金属及新材料基地；国家重要的产业研发及科技创新基地；甘肃省重要的先进制造业及现代服务业基地；河西走廊中东部地区现代化区域中心城市。

3. 城乡发展目标

"活力镍都、戈壁绿城"——工业城市、宜居城市。

4. 城市用地发展方向

规划期内的城市用地发展方向为"以向北拓展为主，并适当向西延伸"（图 3-9、图 3-10）。

1958—1964年：缘矿建厂

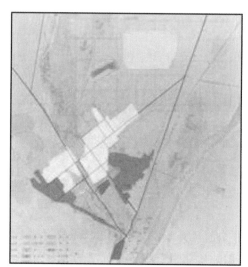

1964—1981年：因厂生城

1981—2000年：以厂促城

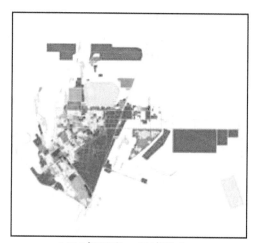

2001年以来：厂城互动

图 3-8

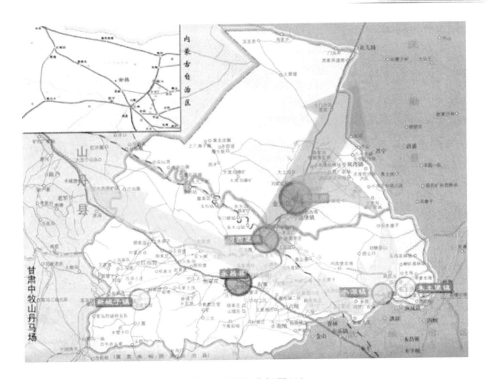

图 3-9 区位分析图(1)

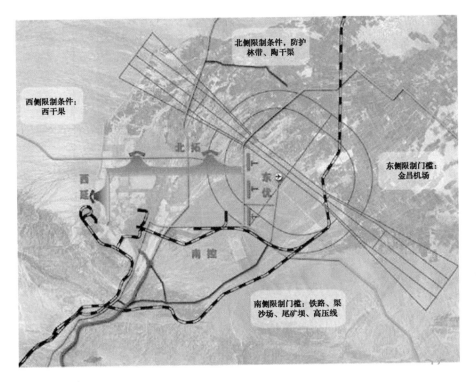

图 3-10 区位分析图(2)

5. 城市发展战略

居住区北移，工业区东扩。

规划区域即为承接"居住区北移"的重要空间。

6. 城市空间布局结构(图 3-11、图 3-12)

中心城区形成"一城两翼，两翼齐飞；多样中心，错落组团"的城市空间结构。

"一城两翼，两翼齐飞"指中心城区的两个主要组成部分——主城区和新材料工业园区，分别承担城市综合服务职能和经济发展职能。

"多样中心，错落组团"，主要依托新华大道建设城市各类中心，包括发展壮大现有的行政文化中心，培育新的商业服务中心，积极建设产业服务中心以及在城市西北部建设教育研发中心。形成空间和功能错落的多个组团，包括旧城综合组团、龙首居住组团、教育研发组团、金川产业组团、高科技产业组团、新材料工业组团。

图 3-11　中心城区总体规划图

7. 城市规模

到 2020 年，中心城区建设总用地 52.3 平方千米，人均建设用地 149.5 平方米。其中主城区建设用地 39.4 平方千米，人均建设用地 112.6 平方米。人口规模 35 万人，年均增长 1.2 万人。

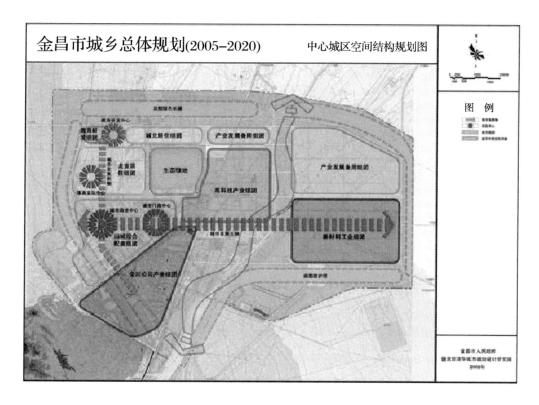

图 3-12 中心城区空间结构规划图

（三）现状条件

1. 规划范围及用地规模

本次规划地块位于金昌市东部、金水湖北侧，为河雅路、泰安路、东区环路、新华大道、常州路、天美路围合范围。规划用地规模为 2.23 平方千米。

2. 土地建设条件

（1）高程分析

规划区地势较为平坦，整体地势呈现出西南高、东北低的特点，以平原环境为主，基地海拔 1490～1515 米，最大高差 25 米，区内制高点位于基地西侧。

（2）坡度分析

规划区内地形起伏变化不大，整体坡度 0～4.5％，西侧局部地区4.5％～8％，有极少地段在 8％以上，均为适宜建设用地。

（3）坡向分析

坡向主要影响到建筑的通风、采光等问题，不同的坡向获得太阳能和自然风的程度不同。规划区内坡向总体分布较为均匀，开发建设时应适当进行调整。

（4）水文分析

规划区位于金昌市东部，属暖温带极干旱气候区，太阳辐射强，干旱少雨，蒸发强烈，区内地表无水体，周边水体主要由南面的金水湖和东面的金川河构成（图 3-13）。

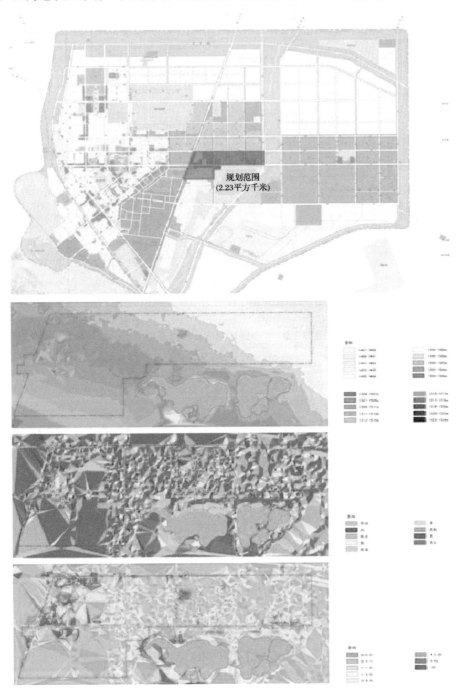

图 3-13　规划范围及土地建设条件

3. 土地利用现状

规划区除少量工业用地、居住用地、村镇建设用地、公共设施用地外，大多为耕地，规划区西侧有西干渠流经。

4. 用地权属与审批现状（图 3-14、图 3-15）

(1)用地权属现状

为加强控制性详细规划的可实施性，本规划结合已开发建设的地块，对规划建设用地范围内的用地权属情况进行了调查。根据土地部门用地管理的口径和规划管理的一般程序，本规划拟将用地权属分为国有划拨土地和国有出让土地。国有划拨土地，即指属于国有工矿企业、天然气门站、长途客运站、公安、海关等国有单位，通过行政划拨方式取得的建设用地。国有出让土地，即指可以通过招拍挂方式进行土地使用权转让的用地。

(2)用地审批现状

已审批用地指已交纳土地出让金进入市场的土地，包括已批未建的土地和已经完

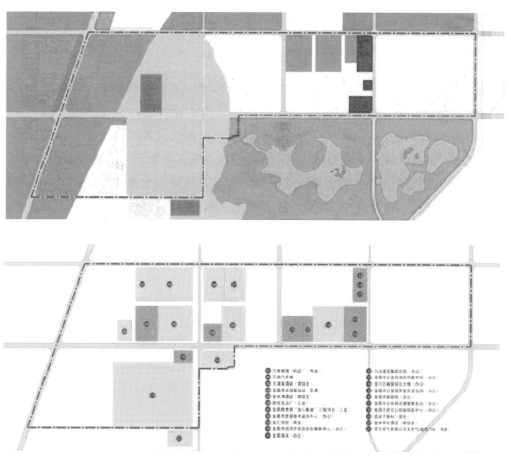

图 3-14　土地利用现状(1)

成或正在建设开发的土地。规划区内已批已建(在建)的土地以行政办公和对外交通用地为主；已批未建的土地以村民安置用地和商业、金融业用地为主。

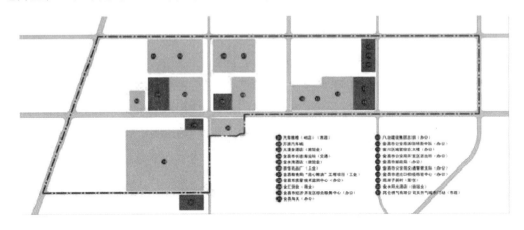

图 3-15　土地利用现状(2)

(四)周边地块影响要素分析

1. 金水湖公园

金昌市地处内陆干旱区，工农业生产及城市用水主要依赖祁连山山区降水和高山冰雪融水供给，是典型的缺水地区。为此，市委、市政府一直十分重视水资源的开发利用，坚持开源节流并重，采取了一系列的措施，提高水资源利用率。金水湖公园利用污水处理厂所排放的中水营造城市水景，提升城市整体形象。

金水湖优越的景观资源是规划地块开发的契机，环绕金水湖进行地产开发，建设宾馆、酒店、别墅、高档住宅，充分利用珍贵的水景使地块升值。

2. 金川河景观林带

《金昌市城市总体规划》沿金川河古河道规划宽度达 700 米的景观林带，通过对金昌适生植物的合理组配，使用各类适宜景观的沙生植物，营造戈壁城市的绿洲氛围，打造独具特色的绿洲园林。清晰界定城市的发展形态和新老城区的分隔，是有效控制城市无序扩张的绿色屏障。

规划地块东端用地结合景观林带，营造金昌城市的东大门，应着力将其打造成为城市入口地区的门户景观区。

3. 万千瓦风力发电站

日前，中国三峡新能源公司在金昌南部选址建设 350 万千瓦风力发电站，同时明确，风电配套项目优先考虑落户金昌，并积极协助金昌引进风电装备制造企业，或协调风电装备制造企业与金昌企业合作联营。双方还商定，共同联合国家电网公司在金昌开展风电、火电、光伏发电等能源与高载能产业直供和上网优化调度综合应用研究和示范。350 万千瓦风力发电站的建设，将为金昌工业发展注入新的活力，规划地块优越的地理位置与环境优势，为风电配套项目落户金昌提供可能。

三、城市设计说明

(一)规划目标

打造科技阳光、复合发展的工业服务新区。

金水新区因其方位而成为金昌的"东大门"。作为有色经济的聚集平台，它也成为"区域交流之门"、"城市发展之门"、"工业展示之窗"和"工业区发展的动力引擎"。

新华路是金昌市最重要的城市道路，将机场、工业区、市中心连成一线。新华路的建设应具有金昌的城市特色，应体现工业文化对城市生活的渗透，形成都市"绿色走廊"。营造新华路作为城市"迎宾大道"应有的空间品质，并打造东部开发区的形象入口，有机整合新华路绿化空间与金水湖公园的入口空间(图 3-16)。

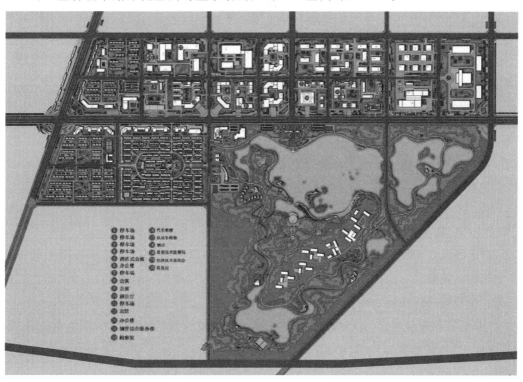

图 3-16　规划总平面图

（二）基本策略

产业聚集发展，景观轴向辐射。

各功能组团紧凑布局，强调土地集约利用，同时形成规模效应，更极致地体现土地价值。充分利用金水湖景观环境，沿路拓绿穿城，形成景观渗透廊道。结合现代工业区的发展特点，提供高效的服务，实现一站式企业服务中心，打造工业区的服务后盾。城市服务功能、开放空间、绿化系统形成网络化系统，有机结合，多向延伸（图3-17）。

图3-17　鸟瞰图

（三）空间构架

"一心、两轴、多廊、多节点"。

新区的规划格局应具有高效性：棋盘格局具有高度的发展可适应性及高效的土地开发价值；充满活力的核心服务区：从城市功能到城市空间，从城市广场到居住区的街道，都具有功能和形式的高度协调性（图3-18）。

"一心"："金水新区"作为城市入口空间，是形成金昌城市第一印象的重点地段，"景观核心"将城市入口和开发区入口与城市景观有机结合，成为区域内最为重要的空间。

"两轴"：城市发展主轴是指在规划区域内沿新华路布置城市级的综合服务功能区；工业区服务轴是指沿轴线设置服务功能，扩展工业区的项目组成（图3-19）。

"多廊"：借助金水湖的面域绿化系统，通过长沙路等街道绿化体系将金水湖绿化深入工业开发区内，并强化景观绿化开敞空间（图3-20）。

"多节点"：包括城市入口节点，商业节点（如商业零售、餐饮酒店），文化中心（会

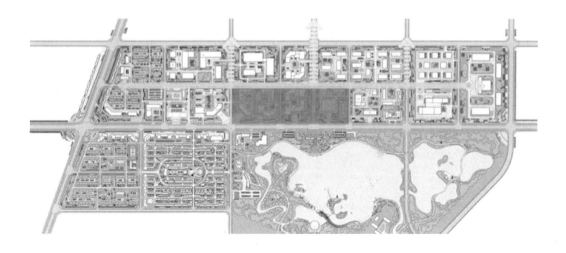

图 3-18　空间构架图(1)

图 3-19　空间构架图(2)

展、博览、文化娱乐),景观节点。

　　将"多廊"和"多节点"的结构结合起来,通过"点"的强化系统,用"线"的特征,使整体区域的城市功能与交通体系、绿化景观体系形成有机的网络体系(图 3-21)。

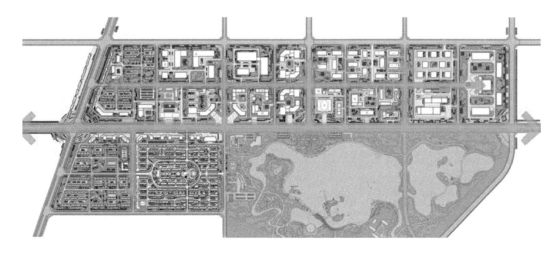

图 3-20　空间构架图(3)

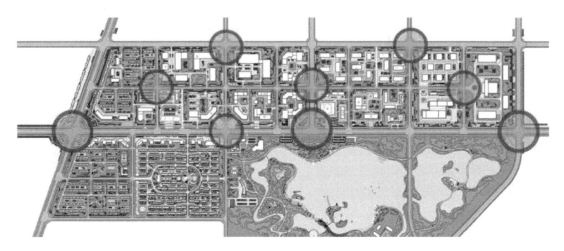

图 3-21　空间构架图(4)

(四)规划结构分析(图 3-22)

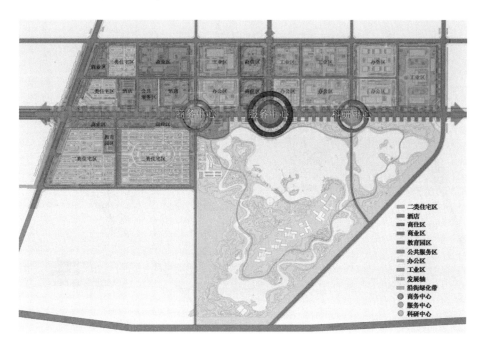

图 3-22　规划结构分析图

(五)城市交通分析(图 3-23)

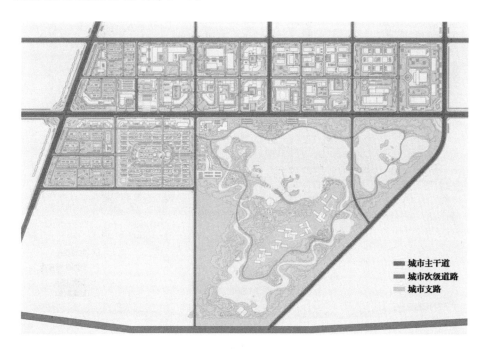

图 3-23　城市交通分析图

(六)城市绿化系统分析(图 3-24)

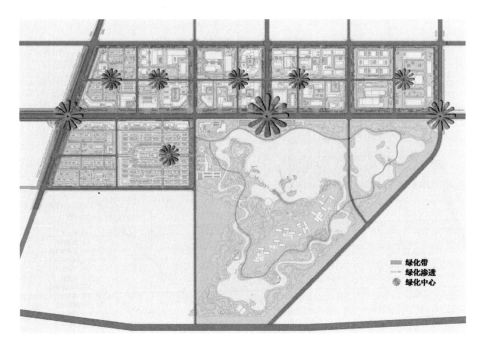

图 3-24　城市绿化系统分析图

(七)城市景观结构分析(图 3-25)

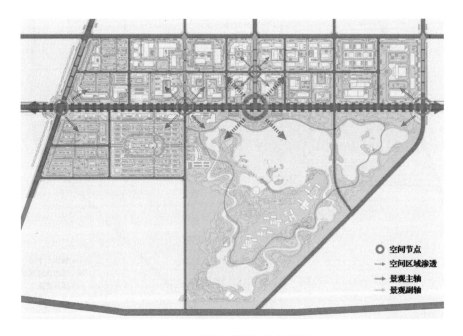

图 3-25　城市景观结构分析图

(八)城市开放空间设计分析

1. 道路景观设计导引

(1)交通性干道

参照车行尺度、速度进行空间组织,绿化种植强调其个性,形成各具特色的景观标志。通过建筑的体量、间隔、节奏变化,塑造视线通透的空间效果(图3-26~图3-29)。

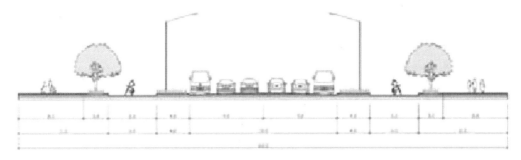

图 3-26　交通性干道街道模式剖面图

图 3-27　交通性干道鸟瞰图

(2)服务性干道

塑造以人为本的尺度空间,在满足必要车行交通量需求的基础上,拓宽人行面积。在市民活动量密集并有特色的路段设置休息区,增加行人停留时间,利用道路转折,通过街道空间收放,以对景、借景、框景等手法强化景观效果(图3-30~图3-33)。

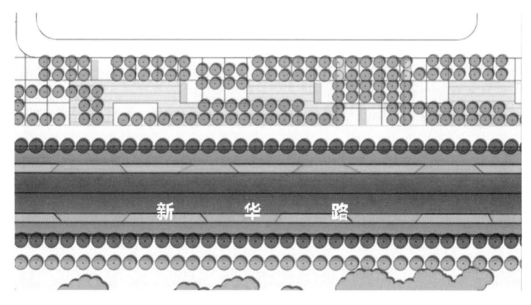

图 3-28 交通性干道平面示意图

图 3-29 交通性干道效果图

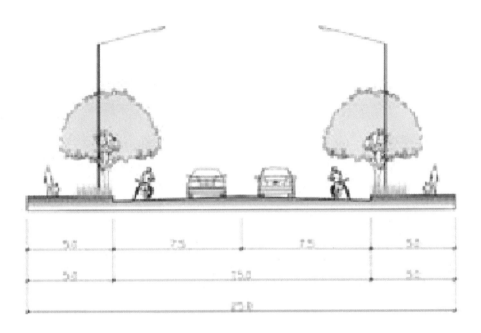

图 3-30　服务性干道街道模式剖面图

图 3-31　服务性干道鸟瞰图

图 3-32　服务性干道效果图

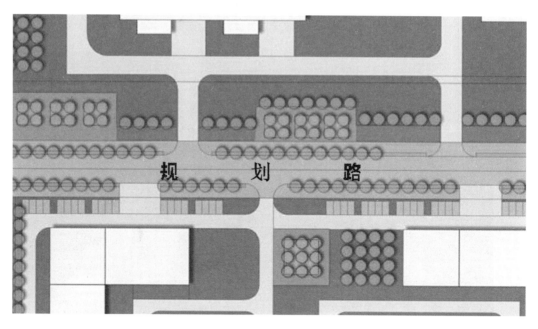

图 3-33　服务性干道平面示意图

（3）生产性干道

符合工业生产需求，设置合理的断面形式、宽度和转弯半径（图 3-34～图 3-38）。

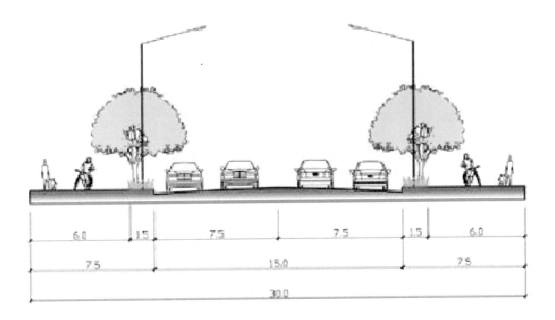

图 3-34　生产性干道街道模式剖面图

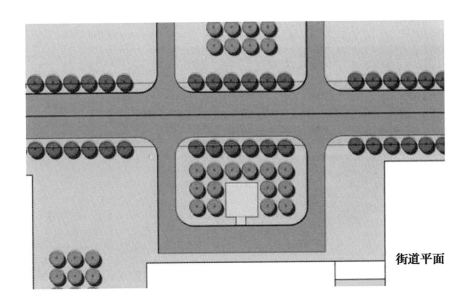

街道平面

图 3-35　生产性干道平面示意图(1)

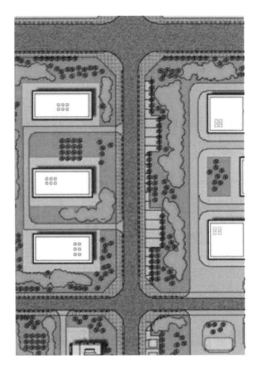

图 3-36　生产性干道平面示意图(2)

图 3-37　生产性干道效果图

图 3-38 生产性干道鸟瞰图

2. 广场景观控制

开放空间的景观控制以道路界面、广场开敞空间及公共设施为切入点，将景观大道沿线设计归纳为建筑立面、橱窗广告、绿化系统、开敞空间、城市公共设施等多个子系统，从而达到创造亲切宜人的街道生活空间的"宜居"目的(图 3-39～图 3-42)。

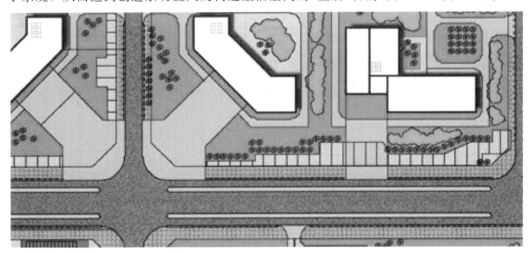

图 3-39 广场景观控制平面示意图(1)

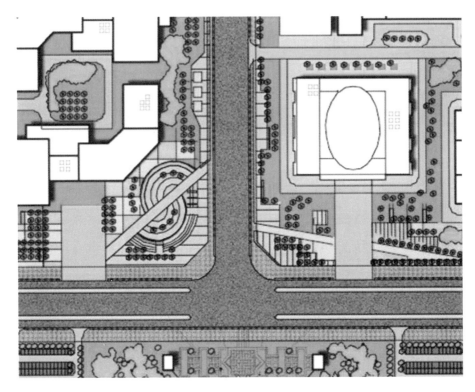

图 3-40 广场景观控制平面示意图(2)

图 3-41 广场景观控制效果示意图(1)

图 3-42　广场景观控制效果示意图(2)

3. 城市入口

新华路作为贯穿城市东西的重要城市道路，是金昌最为重要的结构性道路，是机场—工业区—市区的重要连线。在金水新区的规划范围内，分别与东区环路和河雅路形成城市街道转角空间，是形成城市入口的重要空间。

新华路与东区环路的街道转角空间是人们从机场进入市区的第一印象点。我们根据金昌的历史遗迹(烽火台遗址)，并结合空间特点，设计了具有金昌特色的城市入口空间。

新华路与河雅路的街道转角空间是人们从高速公路进入市区的重要印象节点，我们根据路口的斜交特点，设计了具有迎合感的城市入口空间，并结合周边的商业设施形成市民广场。

这两个城市入口与开发区的形象入口，形成一系列道路景观节点，将金水新区沿新华路打造成一个城市形象与城市功能充分有机结合的城市综合入口空间。沿路建筑景观、绿化景观不断变化，将人们进入城市的过程变成有情节的阅读过程(图 3-43、图 3-44)。

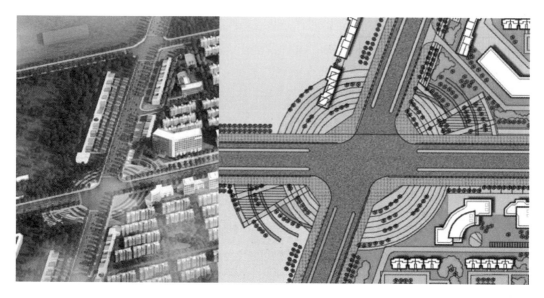

图 3-43 城市入口效果图

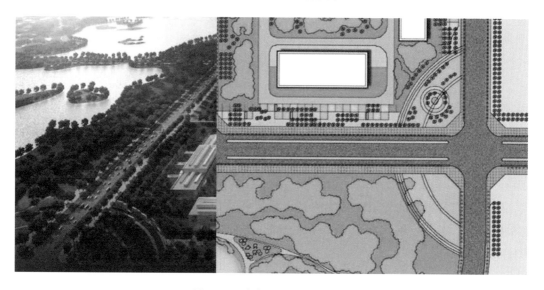

图 3-44 城市入口平面示意图

(九)建筑高度控制及城市天际线控制

1. 建筑高度控制

高层建筑区(中心区):限高 45~60 米,位于常州路与新华路转角处,可对东侧开发区形象入口起到强化作用。中高层建筑区:限高 36 米,中心区两侧地块建筑。

低、多层建筑区:限高 18 米,主要为新华路南北两侧的居住用地及工业研发用地(图 3-45)。

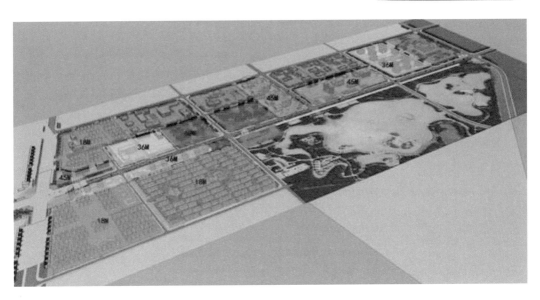

图 3-45　建筑高度分布示意图

2. 城市天际线控制

在金水新区新华路沿线的核心位置布置高层建筑，建筑高度向周边逐级降低，形成雁形天际线，并结合建筑的功能特征，控制建筑物与街道的进退关系，强化天际线的韵律，形成良好的城市形象（图 3-46）。

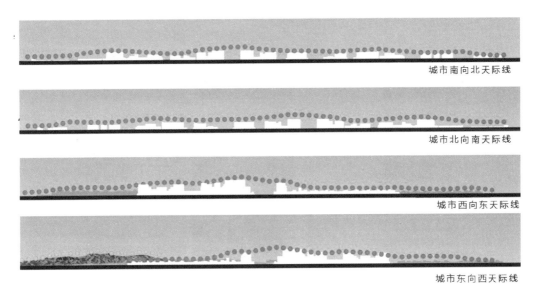

城市南向北天际线

城市北向南天际线

城市西向东天际线

城市东向西天际线

图 3-46　城市天际线

(十)城市建筑色彩体系控制

城市建筑的色彩体系控制,要结合现有城市街道、景观的特征。对于金水新区来说,结合金昌的自然环境特征更为重要,提炼出周边环境中的色彩图谱,以符合金水新区的时代特征、工业特征和地域特征。

我们通过色彩的互补关系以及对建筑形式和气氛的烘托,形成金水新区的特有城市色彩体系控制系统。以浅色为基本色调,借用金昌晴朗的天空、金水湖公园的绿化,用明快的形体丰富建筑形体的变化,突出建筑的雕塑感,形成张弛有力的城市建筑景观(图 3-47)。

图 3-47　城市环境及自然环境色彩体系提取图

四、重点区域城市设计

(一)商务办公区(图 3-48～图 3-57)

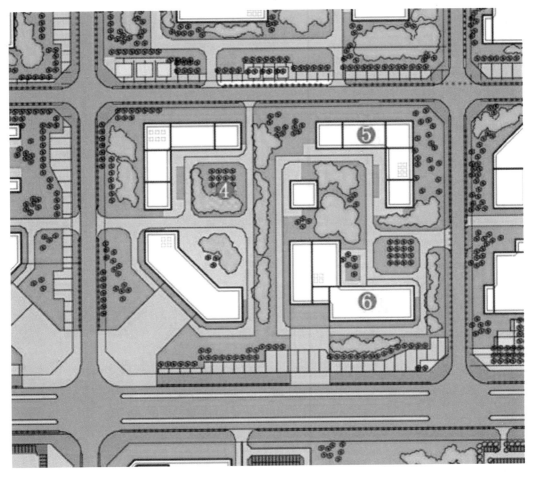

图 3-48　商务办公区平面布局图

图 3-49　商务办公区效果图(1)

图 3-50　商务办公区效果图(2)

图 3-51　商务办公区效果图(3)

图 3-52　商务办公区功能分区策略图

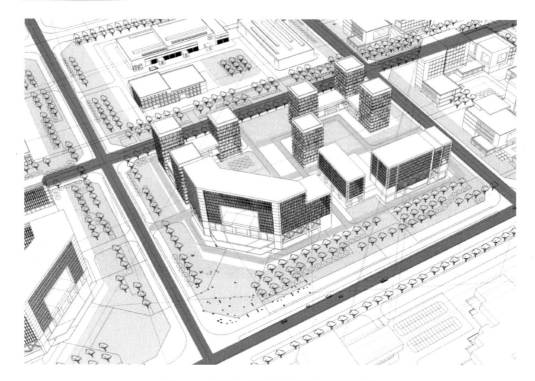

图 3-53　商务办公区车行系统流线分析图

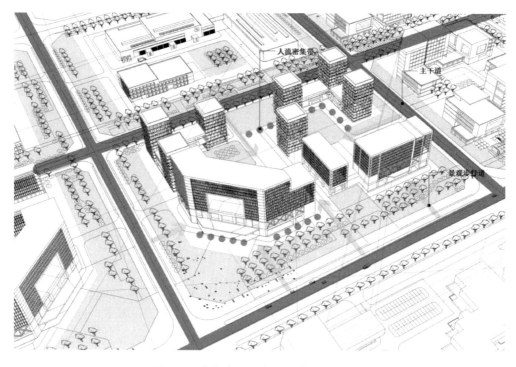

图 3-54　商务办公区人行系统流线分析图

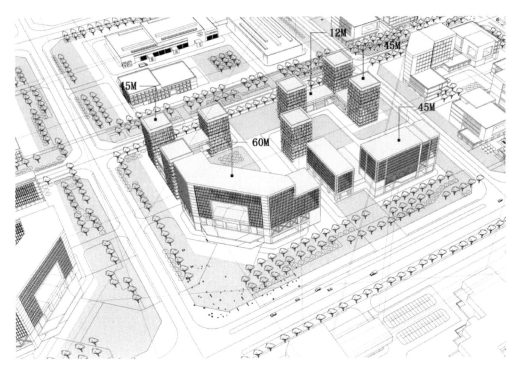

图 3-55　商务办公区建筑高度及体量策略图

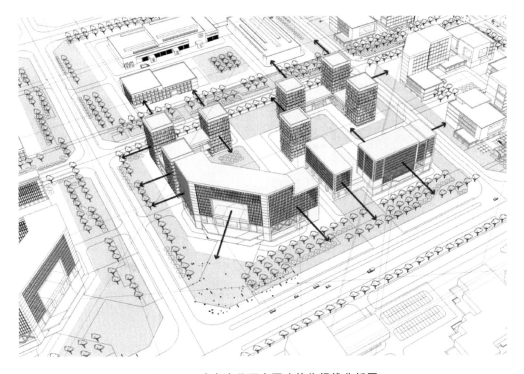

图 3-56　商务办公区主要建筑物视线分析图

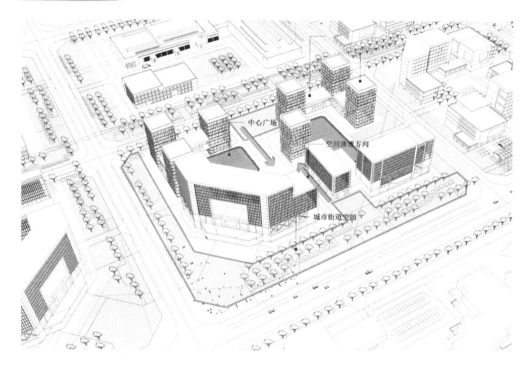

图 3-57　商务办公区外部空间设计策略图

(二)商住区(图 3-58～图 3-67)

图 3-58　商住区平面布局图

图 3-59　商住区效果图(1)

图 3-60　商住区效果图(2)

图 3-61　商住区效果图(3)

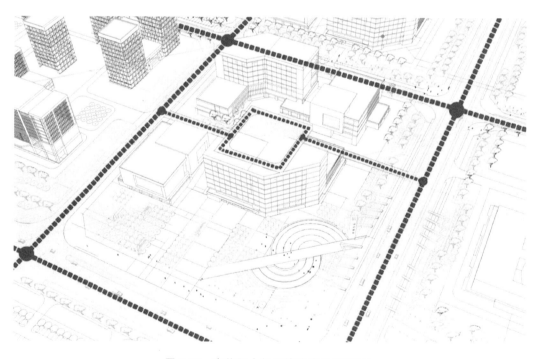

图 3-62　商住区人行系统流线分析图(1)

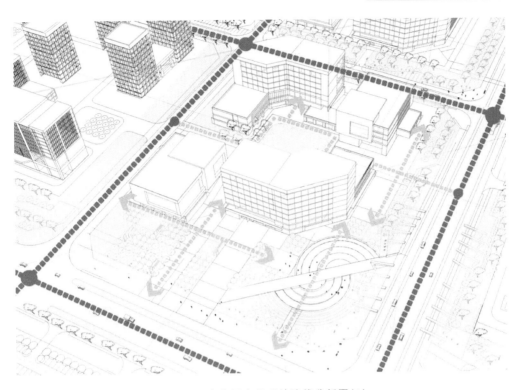

图 3-63　商住区人行系统流线分析图(2)

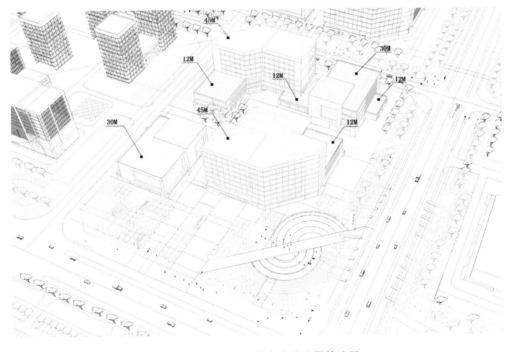

图 3-64　商住区建筑高度及体量策略图

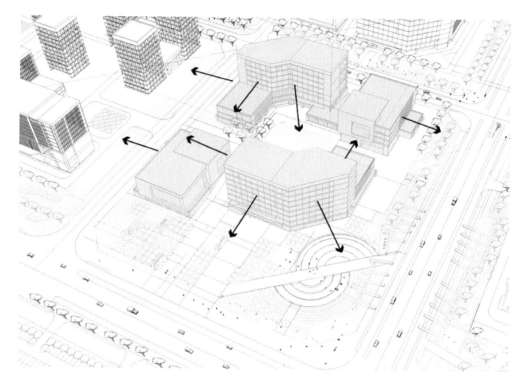

图 3-65　商住区主要建筑物视线分析图

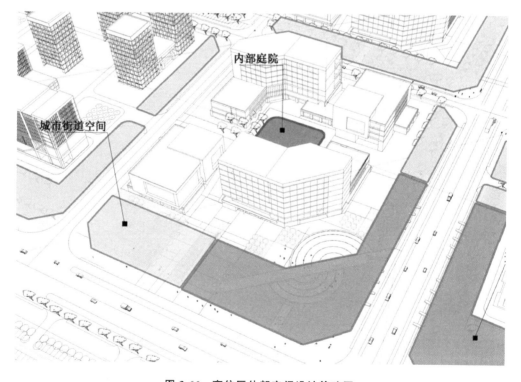

图 3-66　商住区外部空间设计策略图

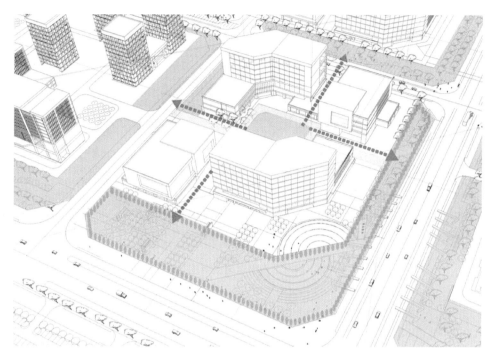

图 3-67 商住区绿化体系分布策略图

(三)工业孵化器(图 3-68～图 3-77)

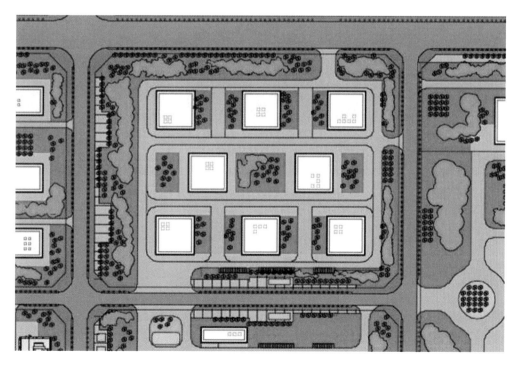

图 3-68 工业孵化器平面布局图

图 3-69 工业孵化器效果图(1)

图 3-70 工业孵化器效果图(2)

图 3-71　工业孵化器效果图(3)

图 3-72　工业孵化器功能分区策略图

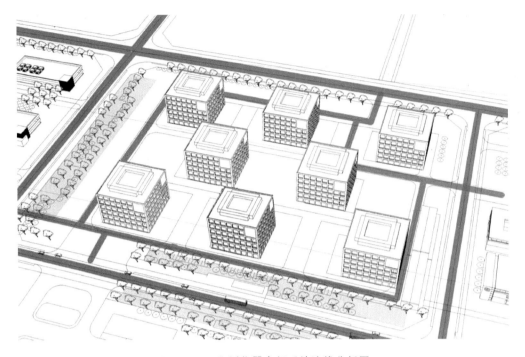

图 3-73　工业孵化器车行系统流线分析图

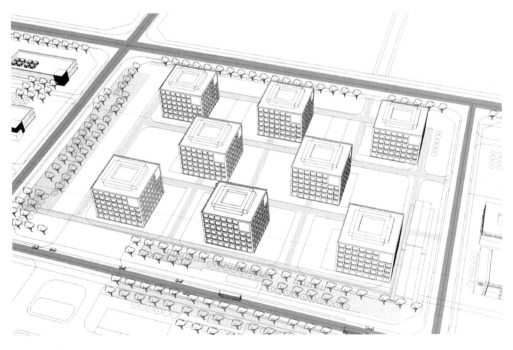

图 3-74　工业孵化器人行系统流线分析图

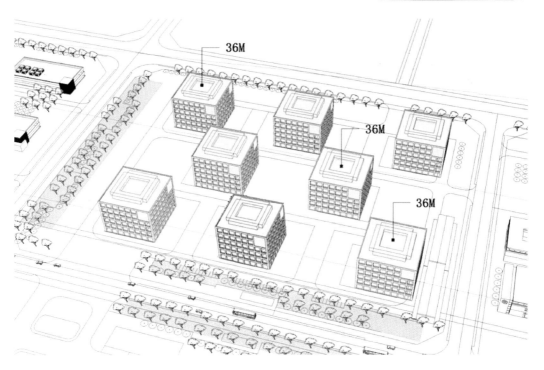

图 3-75 工业孵化器建筑高度及体量策略图

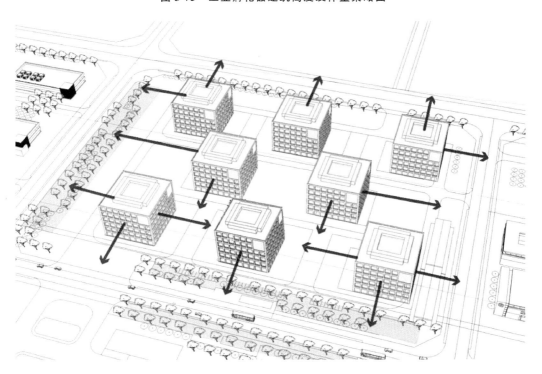

图 3-76 工业孵化器主要建筑物视线分析图

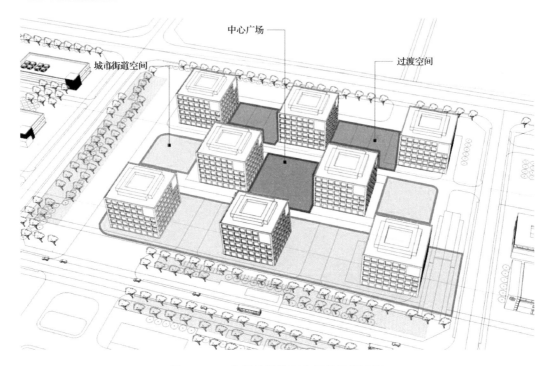

图 3-77　工业孵化器外部空间设计策略图

第四章　街区空间设计

第一节　街区空间的设计原则

街区空间是城市空间的重要组成部分，是城市空间中最富有生气、活力和最动人的空间形态。街区空间容纳了城市生活中最丰富的内容，因而最能反映城市的文明程度，体现城市的特色。街区空间所具有的这种特点为城市的其他空间赋予了丰富的人文背景和景观衬托，创造出独有的城市意境。

街区是城市居民的主要活动空间，不同性质的街区空间在公众的社会生活和文化生活中所起的作用各不相同。由于城市结构组成与交通运输的错综复杂，很难以单一的标准来分类。因此，街区空间的分类既要综合考虑分类的基本因素，还应结合城市性质、规模及现状来合理划分。通常情况下，根据街区用地性质可以将街区空间分为商业型街区、居住型街区、行政办公型街区、金融贸易型街区、混合型街区等。

一、功能多样化

街区空间使街道功能多样化，如生活、工作、购物、进餐等。这些功能在类别上应当多种多样，各种各样的人在不同的时间来来往往，按不同的时间表工作，来到同一个地点，同一个街道用于不同的目的，人们在不同的时间以不同的方式使用同样的设施。

二、强化城市特色

挖掘城市历史文化，创造出具有浓郁地域特色、原真、原创的历史文化街区和风貌展示区，从而将城市形态演变的历史文脉展现给公众，以突出城市所应有的特色。

三、完善公共设施

作为公众日常活动的街区空间，是城市整体空间的重要组成部分，依据街区的类型，将街区的主要功能进行归纳，并围绕这些功能进行公共设施的完善，从而为公众日常活动创造良好的户外空间环境。

四、增强城市活力

街区空间通常依用地性质的不同划分为不同类型，进行街区空间设计时，在尊重街区空间性质的基础上，可以置入一些其他类型的功能空间，来丰富街区的功能，让街区空间保持持续活力，从而构成富有生气、动人的街区空间形态。

第二节　街区空间的构成要素及设计内容

一、街区空间的构成要素

(一)静态要素

静态要素包含自然要素和人工要素两部分，自然要素主要包含道路线形、地势、水体、山岳等；人工要素大致可以分为建筑(围合空间的垂直界面)、路面(塑造空间的水平界面)、道路交通设施和街区小品等。

(二)动态要素

街区空间的一个重要特点就在于它把不同的景点联结成了连续的空间序列，从而形成一个动态三维空间。动态要素包括公众活动要素和交通要素。在街区空间设计过程中，首先应认真考虑作为设计对象的街区空间都有哪些动态要素存在，因为公众活动要素和交通要素在街道上的各种活动是设计的前提条件。公众是街道景观的主要角色，必须将行道树和沿街建筑物细部处理好，以满足公众及交通要素对街区空间的要求。

城市街区空间设计不能停留在构筑静态要素的层面上，而应将打造街区空间的活力即将动态要素作为设计的出发点。

二、街区空间的设计内容

(一)空间系统

根据街区空间在城市中所处的位置，来强化街区空间类型，并在此基础上依据环境所蕴涵的尺度、肌理来组织街区空间秩序。

(二)功能系统

根据用地性质对街区功能进行定位，并在尊重街区主要功能的基础上，通过置入一些其他类型的功能空间，来丰富街区的日常活动。

(三)风格系统

通过对城市及街区历史演变的了解，深入挖掘街区文化，并在此基础上营造街区个性鲜明的时代风格及整体色调，以丰富公众的视觉感受。

(四)交通系统

处理好进入街区以及街区内部空间的车行、步行之间的关系，合理设置出入口及停车位置，从而保证街区空间良好的交通秩序。

(五)绿化系统

根据街区具体的空间形态，适当植入树木及花草，并通过合理组织使植入树木及花草成为视觉焦点，以提升街区空间的品质。

(六)公共设施

完善的公共设施是街区空间品质的保证，依据街区具体条件做好景观照明、安全监控、消防器具、方向标识、休闲座椅等，从而为公众提供一个安全、舒适的街区环境。

第三节　案例分析——金昌市新华路、南京路街区空间设计

一、新华路、南京路街区空间设计

设计要点：

第一，沿新华路形成城市的重要城市风貌带，与南京路的交汇处形成城市的西端节点。

第二，处理好新规划沿街建筑与已建成建筑之间的关系。

第三，控制好沿街建筑与道路之间的空间设计，为商业活动、街道生活、停车提供合理、舒适的空间安排。

第四，通过沿街建筑的前后进退以及天际线的控制，打破原有行列式住宅形成的单调的沿街景观。

第五，处理南京路与新华路斜交而产生的问题(图 4-1～图 4-26)。

图 4-1　新华路、南京路基地现状卫星图

图 4-2　新华路、南京路基地现状实景图

图 4-3 新华路、南京路街区设计总平面图

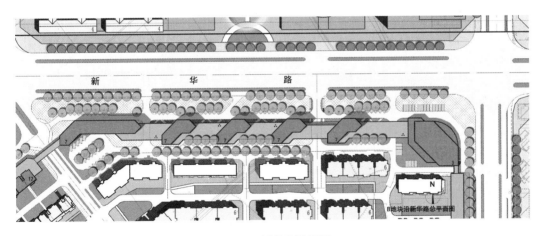

图 4-4 新华路平面图

图 4-5　新华路效果图

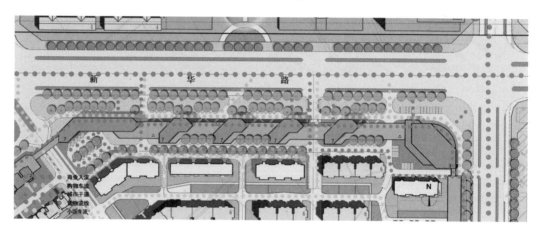

图 4-6　新华路流线分析图

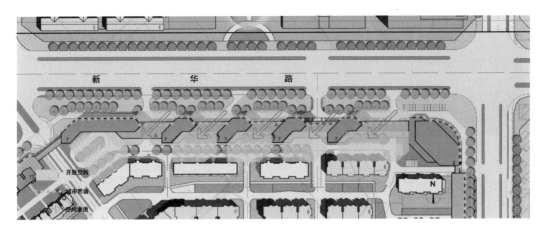

图 4-7 新华路空间分析图

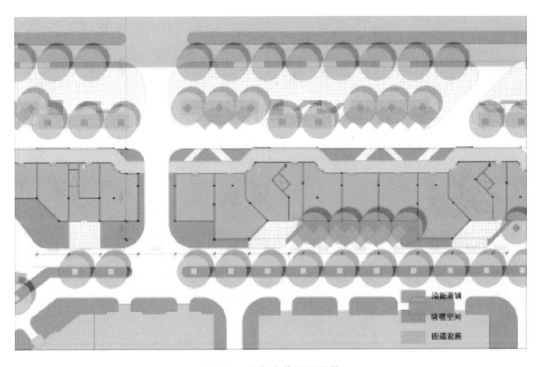

图 4-8 新华路首层平面图

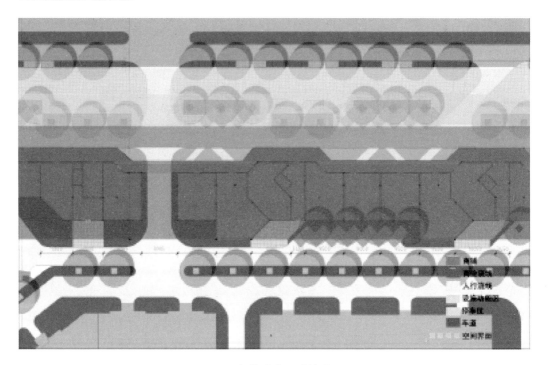

图 4-9　新华路首层功能分区图

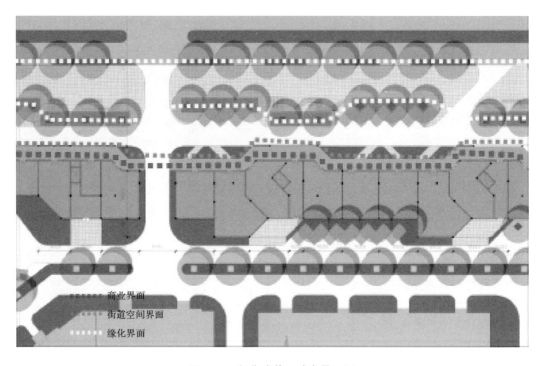

图 4-10　新华路首层城市界面图

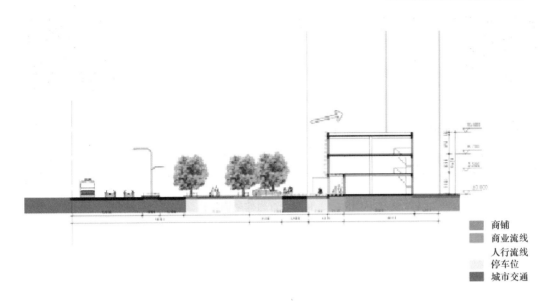

商铺
商业流线
人行流线
停车位
城市交通

图 4-11　新华路剖面图

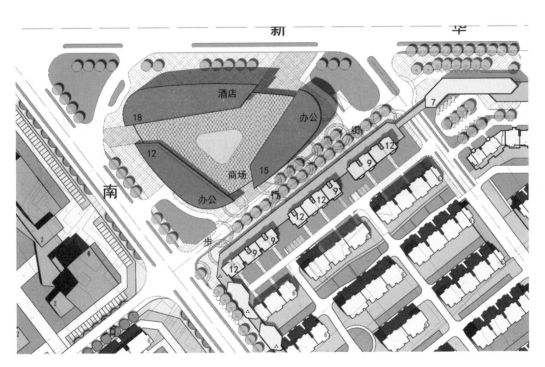

图 4-12　转角步行街平面图

图 4-13 转角步行街效果图(1)

图 4-14 转角步行街效果图(2)

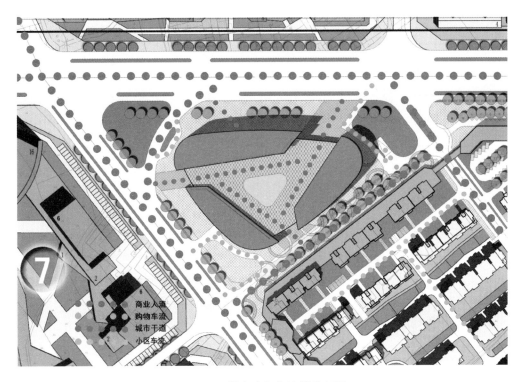

图 4-15　转角步行街流线分析图

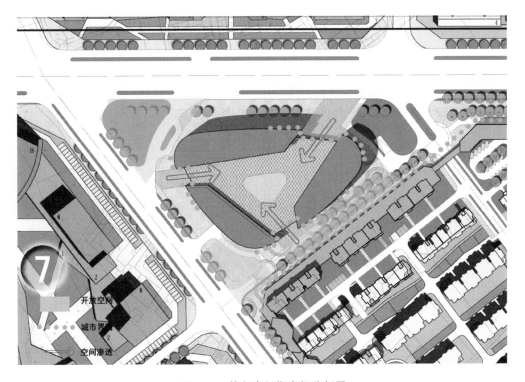

图 4-16　转角步行街空间分析图

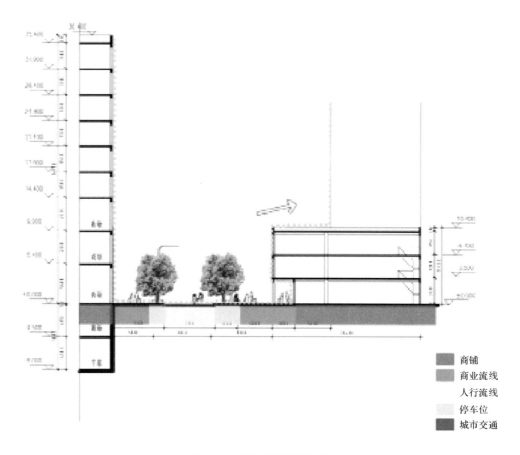

商铺
商业流线
人行流线
停车位
城市交通

图 4-17　转角步行街剖面图

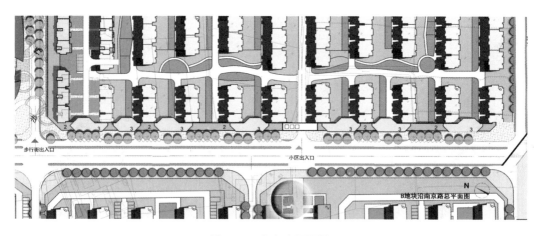

图 4-18　南京路平面图

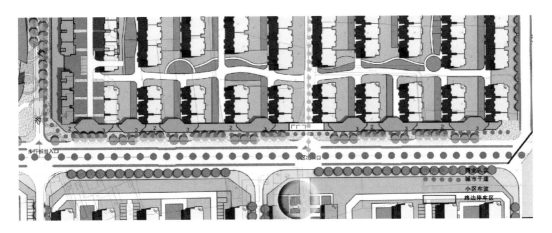

图 4-19　南京路流线分析图

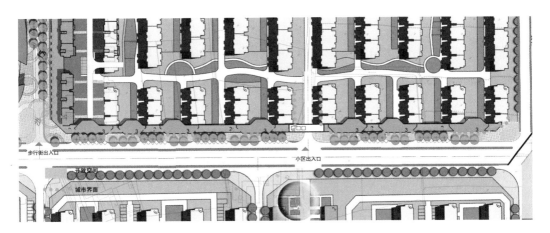

图 4-20　南京路空间分析图

图 4-21　南京路效果图

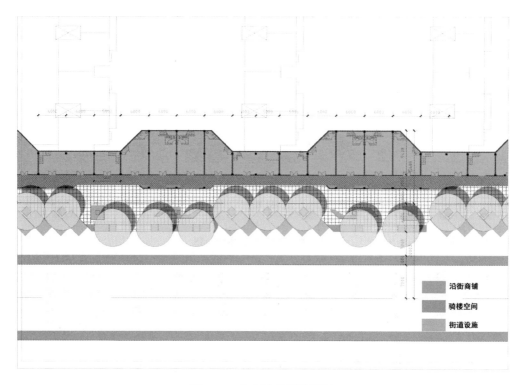

图 4-22　南京路首层平面图

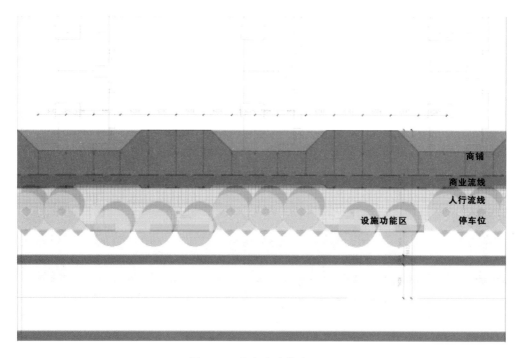

图 4-23　南京路功能分区图

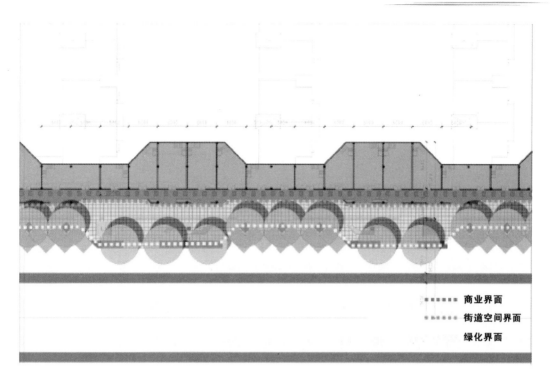

商业界面
街道空间界面
绿化界面

图 4-24 南京路首层空间分析图

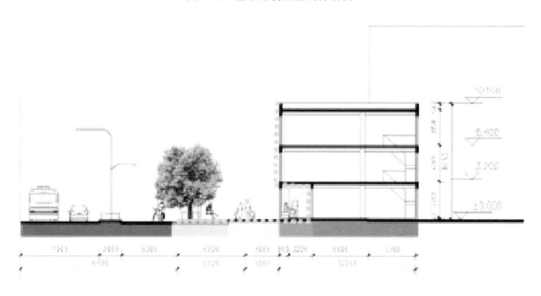

图 4-25 南京路剖面图(1)

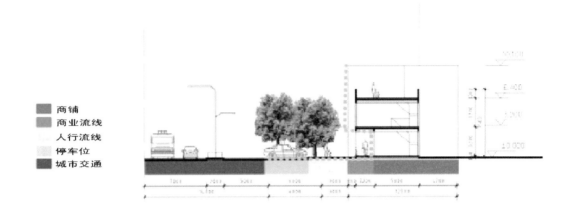

图 4-26　南京路剖面图(2)

二、C 地块设计

位置：位于新华路与延安西路之间，上海路西侧。

设计要点：第一，解决好 42 户原有居民的回迁问题。

第二，结合好与世纪金都已建建筑的协调问题以及结合好东入口与沿街商业建筑的协调。

第三，结合世纪金都的建筑风格，在城市整体建筑风格的控制下形成完整的沿街建筑形象。

第四，处理好沿街商铺的交通流线与住宅小区内的交通流线安排(图 4-27～图 4-35)。

图 4-27　C 地块基地现状卫星图

图 4-28　C 地块基地现状实景图

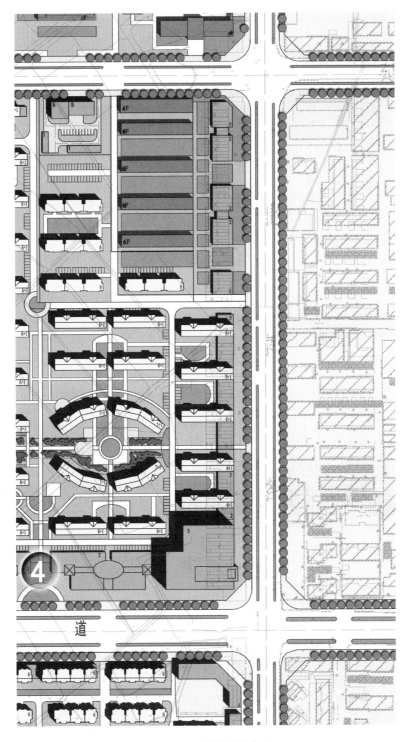

图 4-29 C 地块设计方案

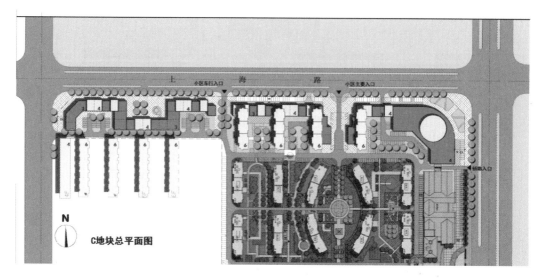

图 4-30 C 地块总平面图

图 4-31 C 地块效果图(1)

图 4-32 C 地块效果图(2)

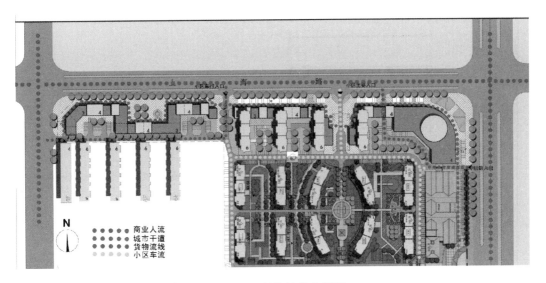

图 4-33　C 地块流线分析图

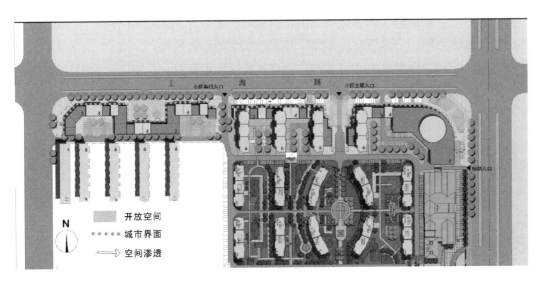

图 4-34　C 地块空间分析图

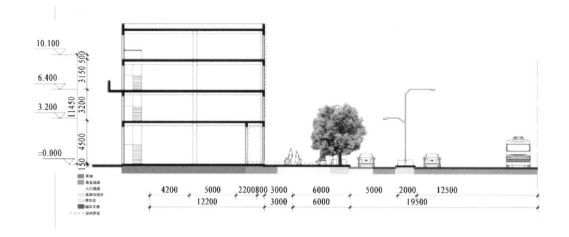

图 4-35 C 地块剖面图

三、E 地块设计

位置：位于泰安路北侧，香格里拉花园南侧。

设计要点：第一，处理好商业建筑与北侧住宅的遮挡问题。

第二，打破长而平直的街道界面，创造丰富的街道景观。

第三，处理好商业与停车之间的关系（图 3-36～图 4-44）。

图 4-36 E 地块建筑效果图(1)

图 4-37　E 地块建筑效果图(2)

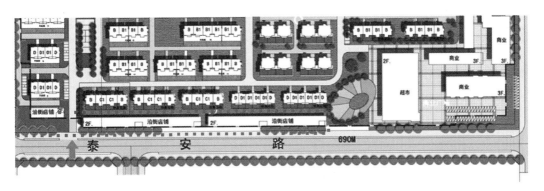

图 4-38　E 地块规划范围图

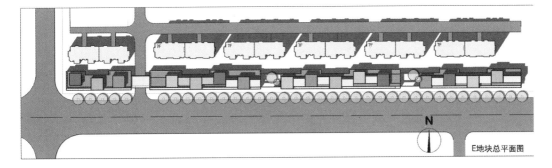

图 4-39　E 地块总平面图

图 4-40 E 地块效果图

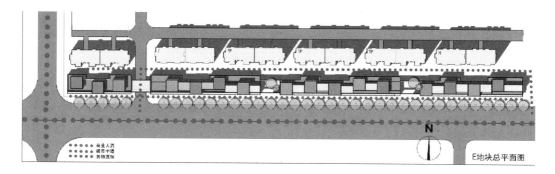

图 4-41 E 地块流线分析图

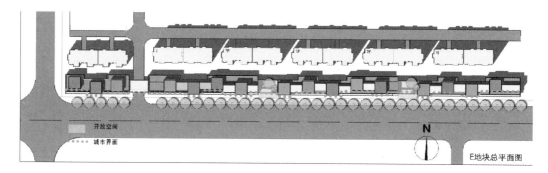

图 4-42 E 地块空间分析图

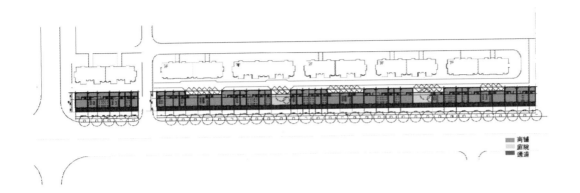

图 4-43 E 地块首层平面图

地块剖面图

第五章　城市广场

城市广场是一个为公众提供活动的户外场所，城市广场的出现，就是为了满足公众之间的信息交流及货物交换，是城市空间较原始的表现形式。早期的城市空间常以城市广场为主体，并通过与之相连的道路将城市空间体系向外延展。城市广场是城市空间体系的重要组成部分，并且反映着城市的特色及文化风貌。

前文已提到城市空间的六种构成要素——中心、边界、区域、道路、节点、出入口，其中"节点"在城市空间的内在结构中起着重要的连接与转折作用，在城市空间体系里就如同人体结构的关节，是公众感知城市的关键点，城市空间的整体性、连续性就是通过不同节点的转承作用得以实现的。城市广场空间在城市空间的构成中通常扮演着"节点"的角色，城市广场既是城市空间系统的组成元素，同时又有其自身的构成规律。从城市广场演变的历史来看，它在城市空间体系构成中起着重要的组织及支配作用；另外，城市广场在一定程度上也能反映出一个城市的文化品位。

第一节　城市广场的作用及设计原则

城市广场设计必须从公众的日常使用角度出发，视觉体验不是城市广场设计灵感的唯一来源。城市广场的设计不能只停留在视觉及美学的层次上，而应考虑到城市广场如何为公众的日常活动提供服务，只有从公众的日常使用出发，才能设计出公众喜爱的、更具活力的城市广场。

一、城市广场的作用

(一)营造城市特色

城市广场作为城市空间体系组成的部分，对于塑造城市性格，体现城市特色起着至关重要的作用。一个城市的特色需要通过一定具象载体进行体现，城市广场作为城市空间的重要节点，如果设计合理，就能够恰当地传递城市历史及社会文化信息，并通过广场自身的构成形态将其展现出来，以反映这一城市在空间构成上的历史延续及地域人文特征，并将蕴涵的城市特色呈现给公众。

(二)增强城市的可识别性

作为整个城市空间结构中的关键节点，城市广场的存在有着重要的意义，它不仅能够向公众展示城市特色。在密集的城市建筑区域内，城市广场的开阔空间特征能给活动于城市中的公众留下深刻的印象。因此，将城市广场作为城市的重要节点加以强化，有利于公众掌握城市的空间构成形态，从而快速获得城市的整体意象。

(三)城市步行体系的重要组成

公众的日常生活离不开城市空间，特别是在机动车主宰的现代社会，城市广场为城市提供了现代社会所缺少的步行系统。完善的城市步行系统的存在，使得城市具有了活力。广场作为城市步行体系的组成部分，为公众提供了日常活动的场所，使得公众能够长时间在此逗留，从而提高了城市活力及城市生活品质。

二、城市广场的设计原则

作为公众的户外场所，城市广场在设计时，无论从功能布局上，还是构成形态上，都应当体现出城市广场所应具有的开放性、公共性及公众参与性的空间结构特征。

(一)空间结构的开放性

在进行城市广场设计时，必须让城市广场的空间结构具有较强的开放性。所谓的开放性，首先是指城市广场作为城市空间体系的一个部分，能够很好地与周边不同层次的户外场所进行衔接与交流，从而以一个动态的、可持续发展的状态与其他层次的户外场所共同构成一个有机的城市空间体系；其次，开放的广场空间结构，可以利用自身的调节功能与广场外部的、来自城市结构的各种影响进行交流与相互作用，通过完善自身来顺应城市形态的演变。空间结构的开放性，有利于城市广场更好地融入城市空间体系，同时也有利于城市广场自身的在城市形态演变过程中的应变。

(二)服务公共性原则

既然城市广场是为公众提供活动的户外场所，这就明确指出了公共性是城市广场的基本属性，城市广场不是为某个人或某些阶层设置的，而是为所有市民提供服务的。因此，城市广场内的集会活动及信息交流都是以公共性为前提的。城市广场的功能布局应有利于公众的不同活动的展开，包括集会、娱乐、休闲等。在空间处理及功能布局上应有良好的可达性，以利于公众进入。周边交通组织、人流路线安排及出入口位置都是影响城市广场可达性的重要因素。当然，强调城市广场的公共性是针对使用者而言的，而对于城市广场内部所包含的不同层次的空间区域，则应针对具体的使用者提供相应的功能设置，从而使得城市广场的组织形式更加丰富。

(三)公众参与性原则

城市广场的设计不只是对功能划分、道路组织及设施布置等进行安排，更要去关心公众在广场空间的活动内容，不同的设计形式会影响公众的活动方式，如何有利于公众的参与及自发活动的产生是城市广场设计时需要考虑的重要内容。公众的参与不但实现了城市广场的功能，还极大地为城市增添了活力，使城市空间环境得以升华，对城市空间环境的塑造具有积极的意义。

(四)提高城市可识别性

将城市广场作为富有特色的城市空间节点进行处理，有利于提高城市空间的可识别性。可识别性是城市空间的基本属性，增强城市空间的属性有利于提升城市空间的品质，便于公众了解所在城市的空间结构及形态，从而方便在城市中生活。城市广场作为城市空间的重要组成部分，将广场空间营造与所在的城市环境结合，把潜在的城市精神揭示出来，并使其获得新的意义，将会极大地提高城市空间的可识别性。

(五)强化地域特征

城市广场的形成与城市的发展史及地域特征有关，因此在进行城市广场设计时，需要从城市历史发展的角度以及地域特征方面对这一空间进行营建。营建的城市广场既要反映城市形态的历史演变，同时更要符合地域特征，这样才能更好地体现城市的历史文脉和独特的魅力。

作为城市空间体系重要组成部分的城市广场，在对其进行营建时，就应在符合整个城市空间体系的前提下去彰显其所应有的形态特征。同时，作为城市空间体系中关键节点的城市广场，必须与周边的环境有着很好的交流关系，从而更好地融入城市空间体系当中，发挥其应有的为城市增强活力及体现城市特色的作用。

第二节 城市广场的设计方法及设计内容

一、城市广场的设计方法

(一)将城市广场融入城市步行系统

城市广场存在的意义不只是为公众提供一个休闲场所，它也是城市步行系统的重要组成部分。在进行城市广场设计时，必须将外围的城市交通体系纳入广场设计的考虑范畴，从而在一个城市交通步行系统中去进行城市广场的设计。以步行为导向来组织城市空间，使城市广场融入完整的城市步行系统，同时要使这一步行系统与周边的建筑发生关系，从而使公众更方便地进入城市广场。

(二)组织城市广场的构成要素

将城市广场融入城市步行系统中后，接下来就需要将城市广场内部的构成要素组织起来，再进一步完善广场这一层次空间系统。组织城市广场构成要素的方法很多，常见的有轴线控制、视线组织、中心引领等方法。通过采用上述方法，确定城市广场的空间结构，并将城市广场的构成要素组织在一起，将城市广场的体现城市特色、提高城市识别性、完善城市步行体系的作用发挥出来。

(三)丰富城市广场的边界

城市广场作为城市交通步行体系的一部分，其特点就是为公众提供开阔的空间，但除了一些大型的集会活动外，开阔的空间在日常的利用中不太方便，所以必须通过丰富和柔化广场边界，让广场空间的尺度更具人情味，从而利于公众的日常使用。

(四)硬化及绿化面积的设定

城市广场与公园的不同在于其中的硬质地面面积大于内部的绿化面积。通过对广场内部的使用及对四季日照进行分析，设定好广场内部硬化和绿化面积的范围，从而便于公众日常使用。

(五)公共设施安排

完善的公共设施是公众长时间逗留于城市广场的重要保证，在进行城市广场设计时，必须对公共设施的安排位置、种类、数量及材料进行考虑，从而保障公众在使用过程中的方便性、舒适性及安全性等，同时也可以通过形态及色彩的选取，强化城市特色及地域特征。

(六)植入多种功能吸引公众

在城市广场周边灵活地设置一些餐饮、娱乐、零售设施，以利于丰富公众在广场空间的活动，从而吸引公众来此逗留，增强城市广场的活力。

二、城市广场的设计内容

(一)总平面设计

总平面设计主要解决广场的平面结构、轴线定位以及各功能区划分，进而将平面内部的出入口及道路布局确定下来，以为后期的设计提供依据。

(二)竖向设计

竖向设计主要解决场地内部的高程问题，根据广场的空间组织及各功能区的使用要求，来确定各部分标高。

(三)功能空间

对确定的各功能区进行细化，从而完善各功能区内的区域面积、形态，使之满足公众的使用。

(四)绿化设计

根据广场的整体构思，来确定各绿化区域的位置及面积，同时确定种植的植物及具体的种植方法。

(五)给排水

包括排水系统，如排水坡度，管道、检查井与外界接口，雨水管、检查井的艺术处理；给水系统，如给水管、检查井、控制阀门；喷灌系统，如结合绿化设计、压加计算、喷头范围；流动水系，如渠水、瀑布的循环，水的二次利用。

(六)喷泉设计

包括喷泉造型设计、水泵功率计算；喷泉控制、计算机程控；旱喷泉的技术要点；隐蔽水池，控制房；解决所有管道与电缆管、排水管的交叉。

(七)照明设计

包括光环境艺术造型；灯具设置、功率计算；编组、布线、预埋管沟；变电室、箱式变压器；电源控制室；音响设置。

(八)服务设施

包括负责治安、环卫、维修的管理室；电源控制、音响控制、喷泉控制的控制室；

小卖部、书报亭等文化载体；供公众使用的休息廊、亭、花架以及公厕等。

(九)铺装设计

确定铺装材料的质地、厚度、个体尺度；施工基层处理、温度裂缝处理；花池的防水处理。

(十)雕塑艺术品设置

先施工雕塑基础；为后期安装预留道路；预先设计安装投光灯。

第三节　案例分析——呼和浩特市新华广场设计

一、项目介绍

新华广场是呼和浩特市的第一个城市广场，广场与新华大街和锡林路两条景观大道相邻，北侧是电视台，南侧有文化建筑乌兰恰特剧场，用地面积 7.16×10^4 平方米，在城市空间结构中起着关键的作用。在呼和浩特城市空间的发展演变过程中，它将明朝兴建的"归化城"、清朝设置的"绥远城"以及民国时期营建的"火车站"连为一体，构成呼和浩特城市"品"字形城市结构。1956 年在建筑工程部协助下编订的呼和浩特市城市规划草案，曾以新华广场为市中心，以锡林南路和新华大街为城市交通主轴线，配以南北向的主干道，形成了市区四通八达的棋盘式方格道路网，并在广场周边兴建了一批娱乐和商业设施，从而使现在这一地区成为传统商业的基础，而新华广场作为市中心区的地位也由此确立(图 5-1)。

在呼和浩特公众心中，新华广场也一直是城市空间结构的中心标志，是公众进行集会活动、民俗表演、休闲娱乐的重要场所。广场上经常有自发性的群众活动，每逢传统节日，广场上还会有大型集会，是一个使用功能多样，充满活力的公众活动户外场所。因此，无论是在城市空间的使用功能上，还是在公众心目中，新华广场都是呼和浩特的标志，是一个融文化性、礼仪性、休闲性为一体的公众户外活动场所。近年来城市的发展和公众对城市广场功能需求的不断提高，使得目前的新华广场需要根据城市及公众的需求进行调整，以适应城市发展的新需求，同时对树立呼和浩特城市形象，营建城市空间系统，提升城市文化氛围，创建现代化生态园林城市及带动周边经济发展都有重要意义(图 5-2)。

二、现存问题

新华广场在呼和浩特城市空间体系中一直承担着重要的作用，但随着呼和浩特的

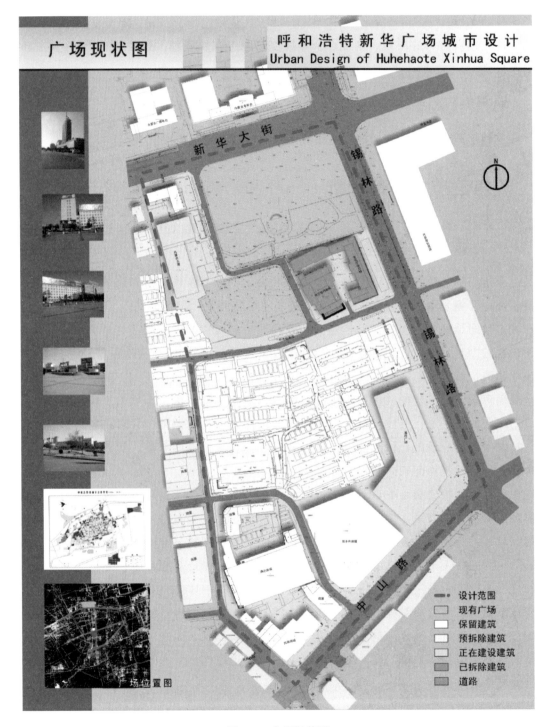

图 5-1　广场现状图

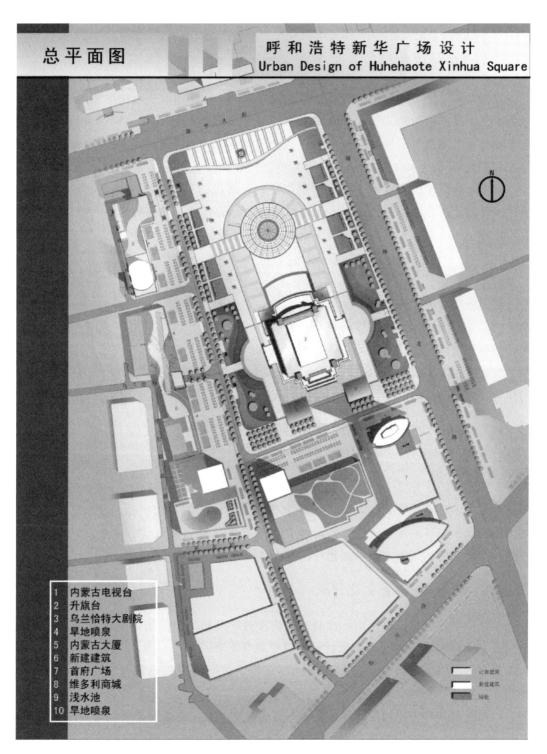

图 5-2　改造后总平面图

不断发展以及公众生活的新需要，新华广场这一户外空间逐渐显露出了它在使用功能及城市形象上的不足，需要进一步完善。存在问题的问题主要包括如下几个方面：

（一）功能不完善

首先，这一城市户外场所所处的环境较为复杂，导致其需要承担更多的公众活动。广场所在区域是城市的文化及商业中心，同时在其周边还存在着一定数量的住宅，这在一定程度上隔断了广场与其南侧中山路之间的联系，从而影响了城市中心区的土地开发和功能利用。

其次，这一地区功能不完善也体现在缺乏与周边的商业、办公场所相配套的餐饮及休闲设施。新华广场周边存在着大量的商业和办公设施，如民族商场、维多利商厦、首府广场、内蒙古大厦等，与这些场所相比，餐饮及休闲空间较为欠缺。

（二）交通及停车问题

由于新华广场东邻城市主干道锡林南路，南与城市主干道中山路靠近，因此车流量较大，导致周边的交通拥堵问题严重；加之早期新华广场在营建时未对停车加以考虑，使得周边停车面积不足。在举行大型活动时，公众来此非常不便，机动车及自行车摆放随意，不仅影响市民对广场的使用，也影响城市的形象。此外，新华广场还未与周边环境建立良好的步行系统，使得公众进出广场困难，大大影响了公众的使用。

（三）没有形成良好的景观效应

新华广场及其周边缺少整体的景观设计。广场两侧和南侧的建筑形式零乱，没有为广场的围合提供完整的界面。而且，广场周边的建筑无论在功能上还是在景观上都缺乏与广场的紧密联系，使新华广场看上去似城市中心的一块孤岛，没能形成其为城市形象标志所应有的景观效应。广场本身也缺乏视觉中心及可让公众在此停留的趣味空间，因此需要在改造过程中强化广场作为城市形象标志的特性。

（四）新华广场缺乏文化气氛

新华广场作为内蒙古自治区首府呼和浩特的城市标志性广场，在地域性、民族性、时代感方面都未形成合适的文化氛围。尽管新华广场一直有定期的文化活动，但广场上并没有完善的文化活动设施，而周边的文化建筑如内蒙古电视台、乌兰恰特剧场、内蒙古科技馆等也只是散落在广场周围，对形成广场文化气氛没有起到应有的作用。因此，强化新华广场地域性、民族性、时代感的文化氛围是十分必要的。

（五）新华广场缺少人性化尺度

新华广场缺少人性化尺度主要表现在空间尺度过大和公共设施不健全两方面。首先，广场的空间尺度显得过大，缺乏亲切感，这是由于广场缺乏适当的空间划分和视觉中心造成的。另外，广场的形状不规则，更使得广场的空间尺度在感觉上显得过大，让公众难以把握。广场也缺少尺度宜人的小空间，从而缺乏亲切感。新华广场基本上没有多少可以让公众坐下来休憩的地方，也没有树阴与遮阳设施可供公众在广场活动时躲避强烈的日光，这都导致公众在广场活动时不便，无法长时间在广场停留，从而降低了广场的使用率，因此，必须从人性化的角度对广场进行细化。

(六)乌兰恰特剧场的选址问题

乌兰恰特剧场原本位于广场南侧。由于面临拆迁重建，如在原址建筑用地上重建，如能与新华广场的改造统一考虑，就既扩大了广场的面积，使广场有了视觉中心，同时也便于统一规划广场周边的交通及停车问题，做到一举多得。

三、设计目标

针对以上问题，在进行新华广场改造时，把设计目标确立为完善城市空间使用功能，改善城市中心区周边的交通环境，改进广场户外空间品质，进而提升周边地区的文化品位，从而把新华广场营造成具有较强地域性、民族性、时代感的市民广场。

四、广场空间结构确立

新华广场北侧和东侧所临的新华大街和锡林南路是呼和浩特市的主干道，这两条道路构成了广场天然边界；加上西侧有大型的商业办公楼内蒙古大厦、科技馆，广场西侧的边界也基本形成；南侧边界可使新华广场南扩至首府广场的北侧，以确保增加广场面积的同时，使周边用地更为合理(图5-3)。

五、新华广场设计导则

利用广场改造契机，调整城市中心区的交通、停车及服务设施功能，以利于公众使用。

完善城市空间的步行系统，以方便公众进入广场，提高广场利用率。

通过增加绿化面积，细化广场空间，增设公共设施，以提高城市空间品质。

通过强化广场空间文化氛围，突显其在城市中的标志地位。

六、新华广场设计思路

(一)整体性的开发策略

对广场及其周边重新做功能方面的整体性调整，将广场南侧与首府广场及维多利商城之间的住宅用地重新开发为商业用地，用于餐饮、娱乐空间，将改善这一地段缺乏足

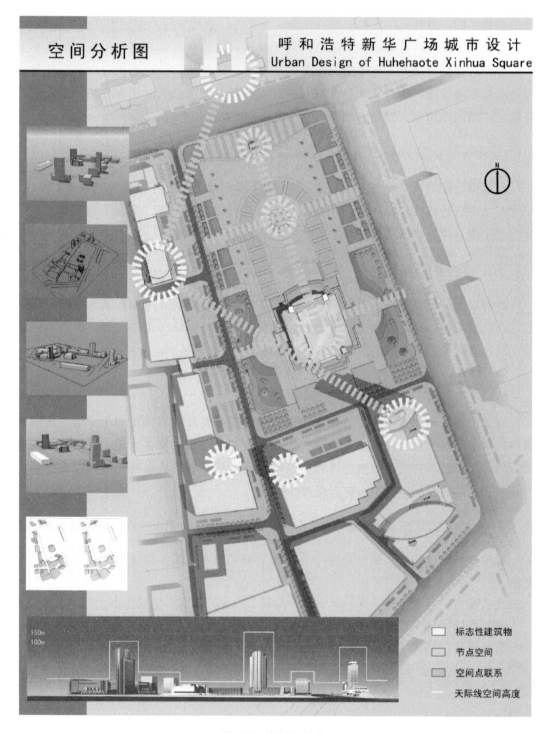

图 5-3　空间分析图

够的餐饮、娱乐空间的现状，并与南侧中山路相联系，从而使这一城市广场无论从功能上，还是结构上，都能更好地为公众服务（图5-4）。

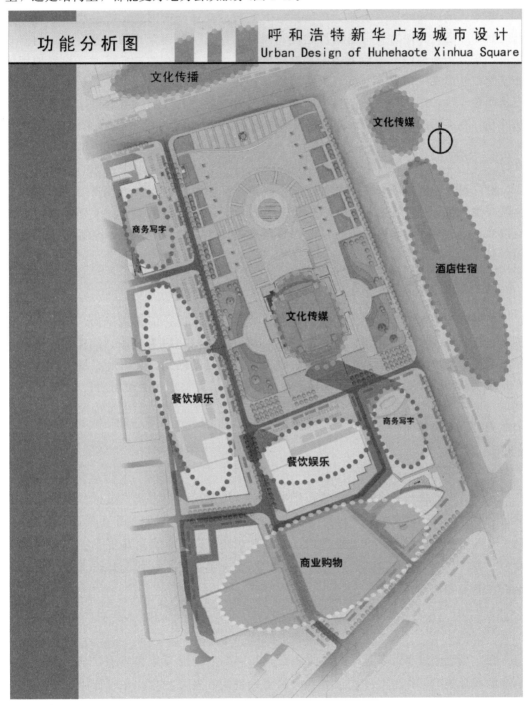

图5-4 功能分析图

(二)扩展停车面积

新华广场的设计采用了地上车行、地下人行的立体交通方式，既解决了车行和人行之间的矛盾，也提高了广场的可达性，同时又保证了地面景观的完整。广场的停车采取广场外围地面停车与地下停车相结合的办法。首先，在改造广场时，设置地下停车空间，从而在一定程度上缓解了广场周边的停车难问题。其次，在广场周边拓展布置地面停车位，以弥补地下停车位的不足。另外，考虑到广场所需的停车位数量存在机动性，在广场的南侧再布置部分临时停车场地，以备大型集会时使用(图 5-5)。

(三)周边围合建筑规划

对广场及其周边围合建筑进行限定，规定广场南侧及西侧的建筑高度要与内蒙古大厦高度一致，而广场西南角的两栋建筑不高于 9 层，建筑立面形式要强调水平向的连续性。对围合建筑高度的限定，既可保证周边建筑对广场的围合，又为未来周边建筑的建设提供设计依据。

(四)设置屋顶花园

为更好地实现广场与周边环境的融合，要充分利用周边的建筑屋顶，规定广场周围新建建筑要设置屋顶花园，从而让周边建筑与广场绿化融为一体。这样，既可软化空间环境，增加绿化面积，缓解市中心绿化用地不足的问题，又可使广场与周边建筑在景观上获得统一。另外，屋顶花园还可为新建建筑提供户外活动场地，如室外餐饮、网球场地、休憩空间等，使广场与周边围合建筑在视觉上和功能上都能相互联系，从而成为一个有机整体(图 5-6)。

(五)以乌兰恰特剧院作为广场空间视觉中心

在设计中，将乌兰恰特剧院放在广场中轴线的南端，与内蒙古电视台形成明确的对位关系，从而形成良好的户外空间秩序。由于乌兰恰特剧院是城市重要的文化建筑，通过将其安排到广场上，可以提升广场的文化氛围，同时也为广场提供了良好的视觉中心。另外，乌兰恰特剧院的存在还可为广场集会提供一个较好的舞台背景，以利于公众在此组织活动。

(六)以绿化及水体塑造宜人环境

在广场北侧由旱地喷泉构成的曲线形式和两侧的楔形绿地弥补了广场用地不规则带来的视觉缺陷，并为市民提供了宜人的活动空间和视觉内容。在设计中，为保证广场原有活动内容的多样性，大量采用的旱地喷泉形式，不但为广场提供了良好的景观，还可以形成多处供市民逗留的趣味场所，为城市广场增添活力(图 5-7)。

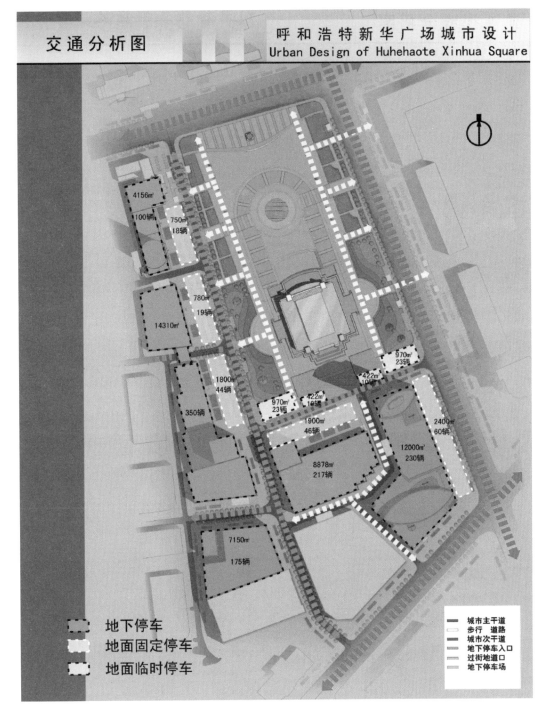

图 5-5　交通分析图

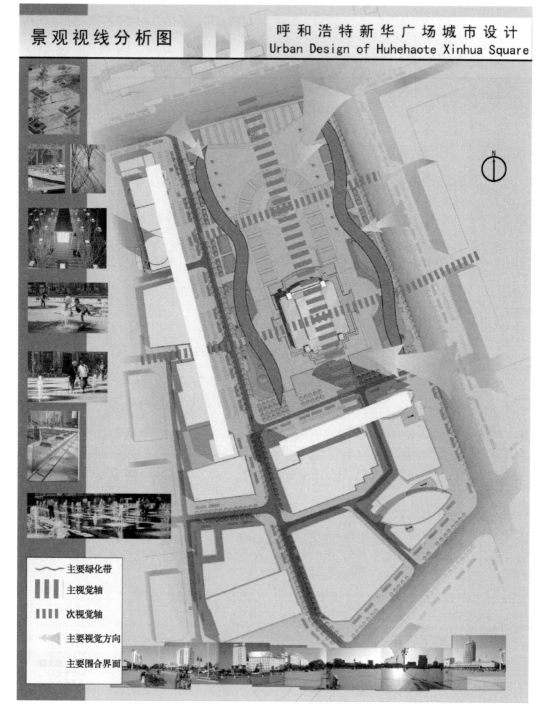

图 5-6　景观视线分析图

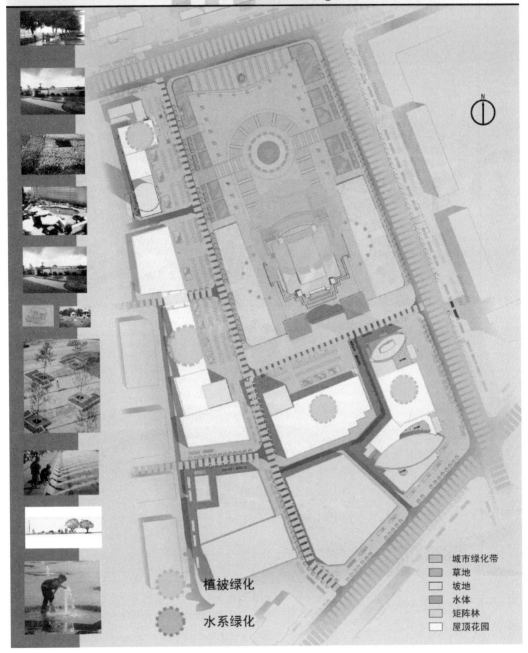

绿化分析图

呼和浩特新华广场城市设计
Urban Design of Huhehaote Xinhua Square

植被绿化

水系绿化

城市绿化带
草地
坡地
水体
矩阵林
屋顶花园

图 5-7　绿化分析图

七、设计调整

呼和浩特新华广场的中标方案如图 5-8～图 5-13 所示。

图 5-8　东南向鸟瞰图

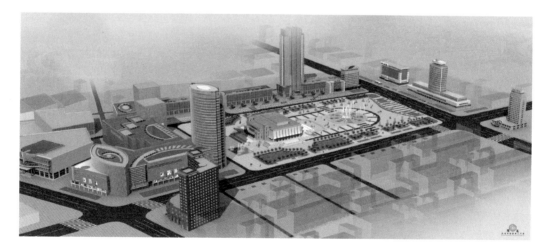

图 5-9　西南向鸟瞰图

图 5-10　正常视点效果图(1)

图 5-11　正常视点效果图(2)

图 5-12　正常视点效果图(3)

图 5-13 正常视点效果图(4)

在方案中标后,由于自治区政府在呼和浩特东二环处选定了一块用地,拟新建乌兰恰特剧院,位于新华广场南端的旧的乌兰恰特剧院将被拆除。因此,新华广场的方案需要调整,调整的方案是在原乌兰恰特剧院的位置设置了一个下沉式的室外观演空间,为节日表演及公众观看使用(图 5-14、图 5-15)。具体施工方案也是按照调整后的方案进行施工的,施工图见图 5-16~图 5-36。

图 5-14 变更后鸟瞰图

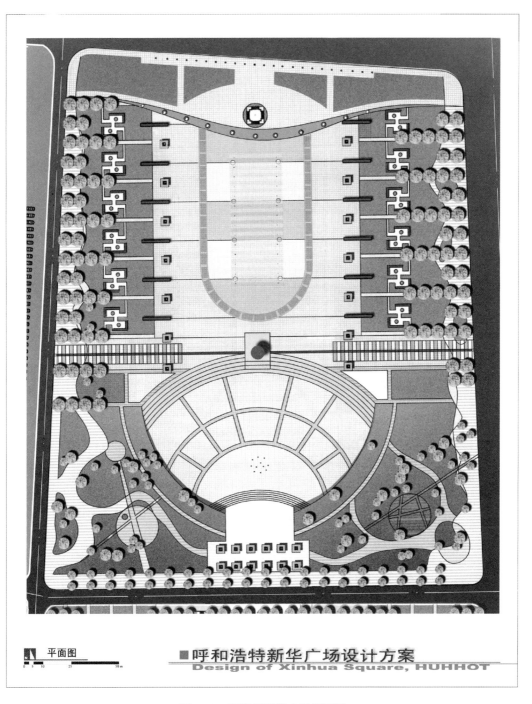

平面图

0 5 10 25 50 m

■呼和浩特新华广场设计方案
Design of Xinhua Square, HUHHOT

图 5-15 变更后新华广场平面图

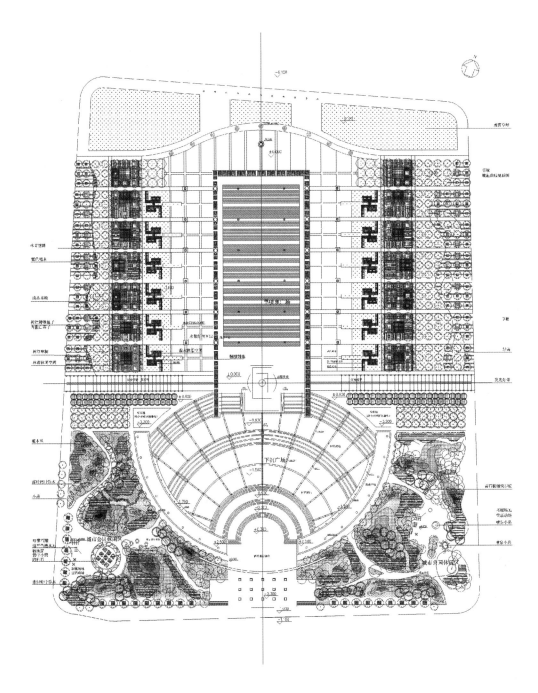

图 5-16　总平面

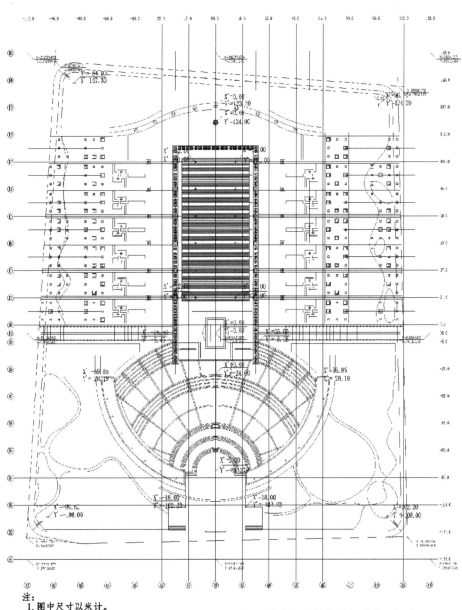

注:
1. 图中尺寸以米计。
2. 定位尺寸以8米为模数。除轴B9-轴B10、轴B10-轴B11间距各为5米外其他轴网均为16米间距。
3. 图中坐标X'、Y'为相对坐标。相对坐标系远点为广场中心雕塑中心点，其大地坐标为X=20142.529，Y=19471.898。A7轴为Y'轴，B10轴为X'轴。
4. 图中除标注尺寸外其他具体尺寸做法以详图为准。
5. 广场外围红线以现场钉桩图为准，核对后方可施工。

图 5-17　放线定位图

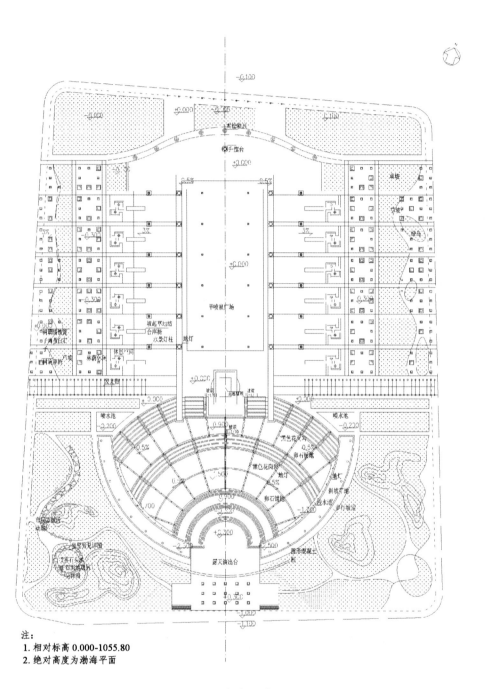

注:
1. 相对标高 0.000-1055.80
2. 绝对高度为渤海平面

图 5-18　竖向设计图

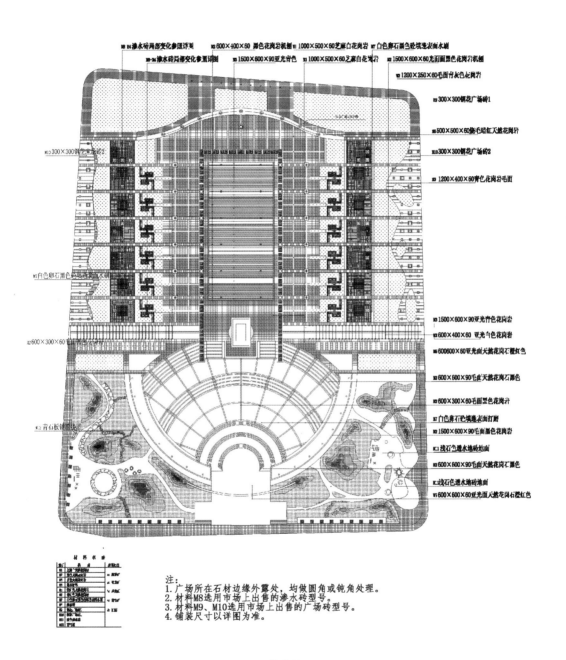

图 5-19　铺装总平面图

注：
1. 广场所在石材边缘外露处，均做圆角或钝角处理。
2. 材料 M8 选用市场上出售的渗水砖型号。
3. 材料 M9、M10 选用市场上出售的广场砖型号。
4. 铺装尺寸以详图为准。

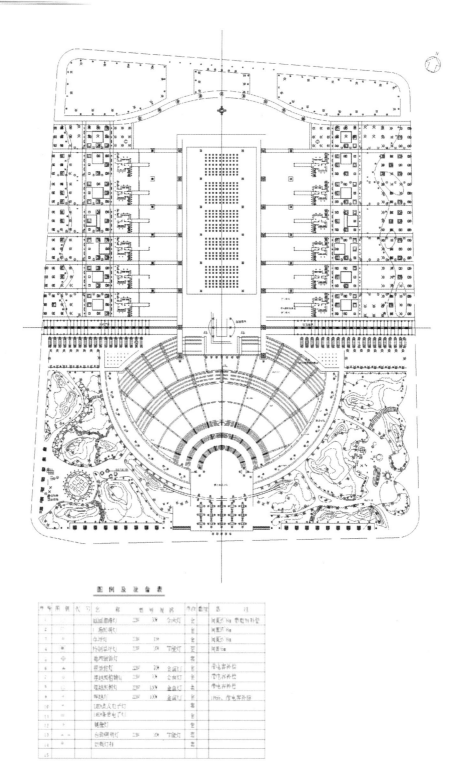

图例及设备表

图 5-20　总平面灯具图

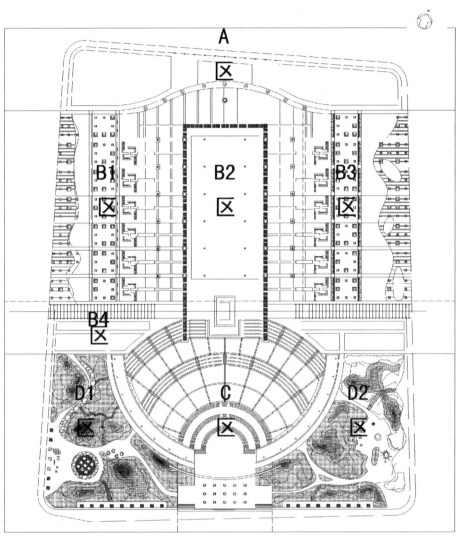

注

1 总图分区只做划分用，具体尺寸见详图。

2 A区平面详图为北部观赏草地和硬化等。

B1区平面详图为西部林荫休闲空间、灌木休憩空间、草地、林荫道路等。

B2区平面详图为旱喷泉广场以及两侧硬化铺地、广场北部雪松喷泉、升旗台、水景灯柱、铜雕铺地等。不包括主题雕塑详图。

B3区平面详图为东部林荫休闲空间、灌木休憩空间、草地、林荫道路、绿岛等。

B4区平面详图为雕塑两侧灯光道路、铺地、景观水池等。

C区平面详图为下沉广场、露天观演舞台、两侧抬起草地、景观墙、景观石柱等。

D1区平面详图为西部城市公园休闲区、器械锻炼场地、喷雾石雕、园林小品等。

D1区平面详图为东部城市公园休闲区、器械锻炼场地、园林小品。

图 5-21　平面分区图

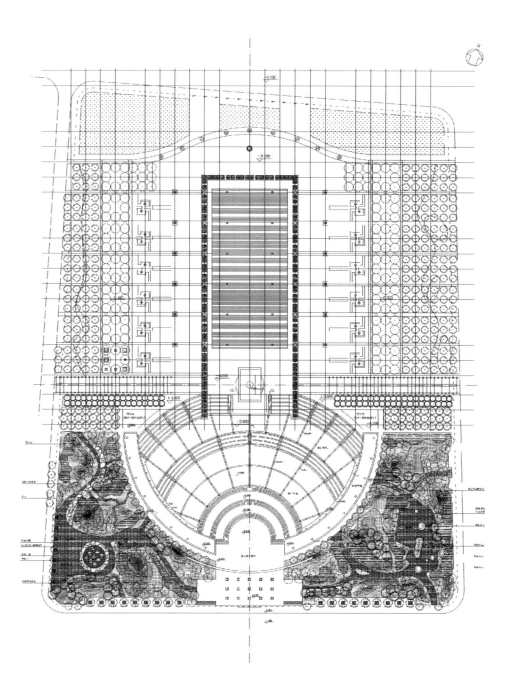

图 5-22　南部公园平面图

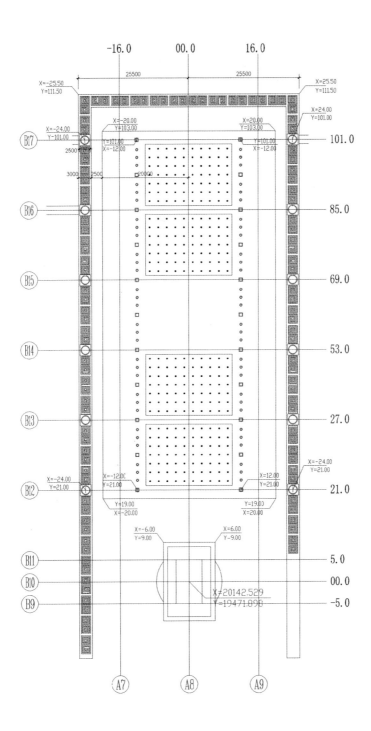

图 5-23　旱地喷泉详图

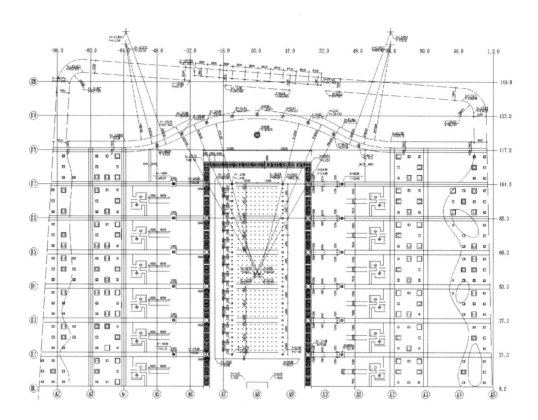

图 5-24　A1 区详图

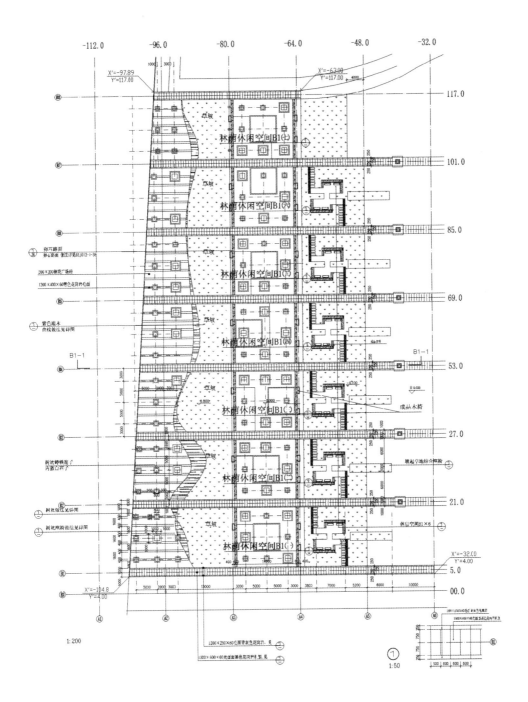

图 5-25　B1 区详图

111

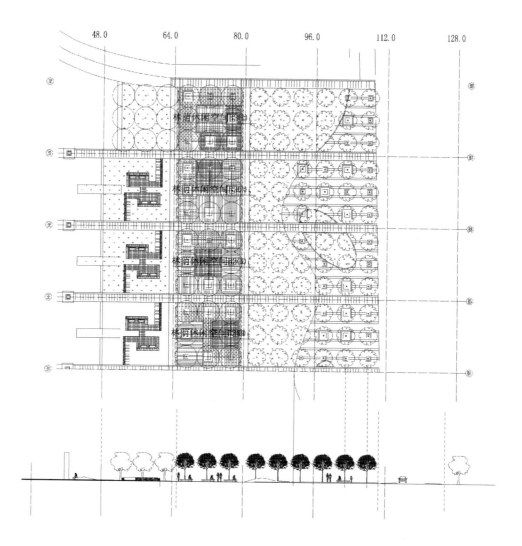

图 5-26　B1 区剖面详图

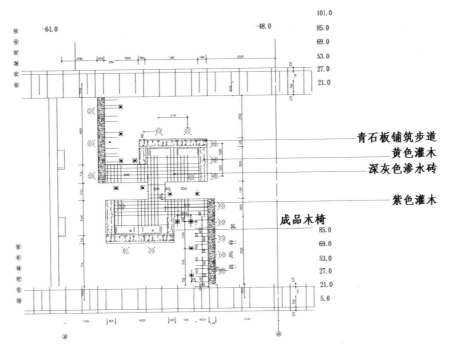

图 5-27　B1 区草地休息空间图

青石板铺筑步道
黄色灌木
深灰色渗水砖
紫色灌木
成品木椅

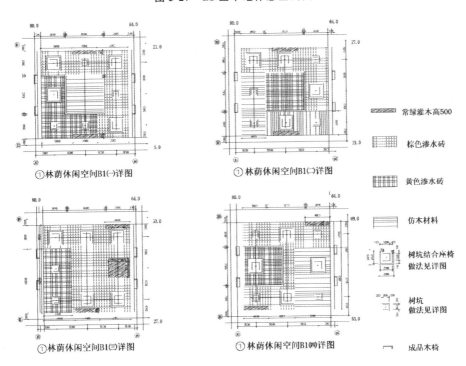

①林荫休闲空间B1(一)详图

①林荫休闲空间B1(二)详图

①林荫休闲空间B1(三)详图

①林荫休闲空间B1(四)详图

常绿灌木高500
棕色渗水砖
黄色渗水砖
仿木材料
树坑结合座椅做法见详图
树坑做法见详图
成品木椅

图 5-28　B1 区林荫空间详图

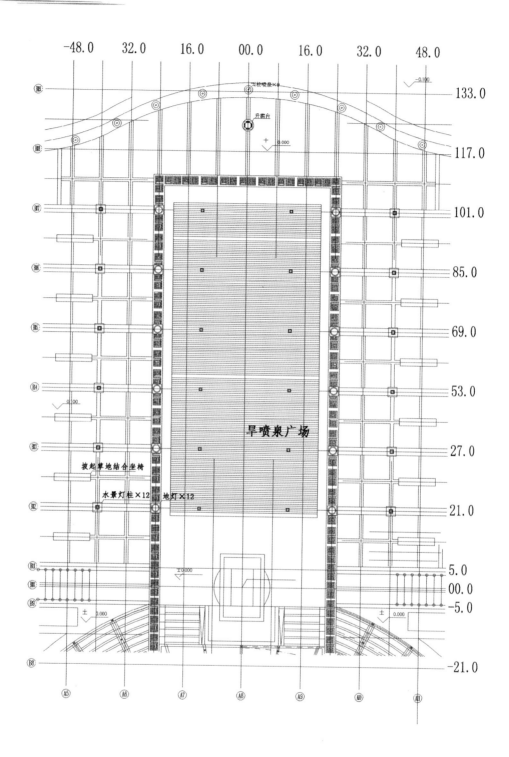

图 5-29   B2 区详图

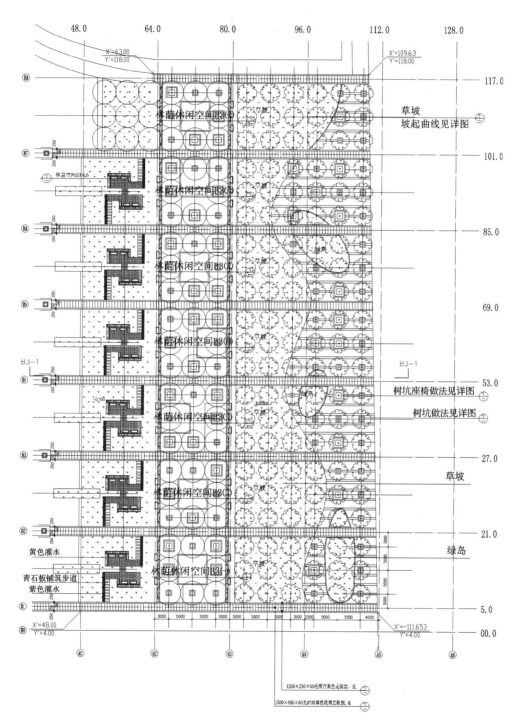

图 5-30　B3 区详图

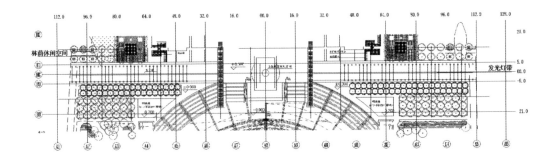

图 5-31　B4 区详图

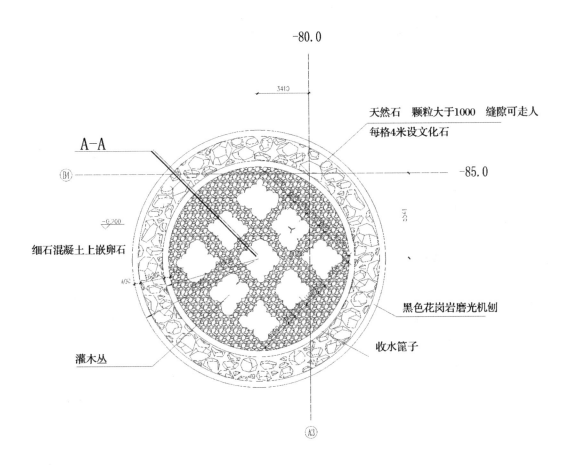

图 5-32　D1 区喷雾石雕详图

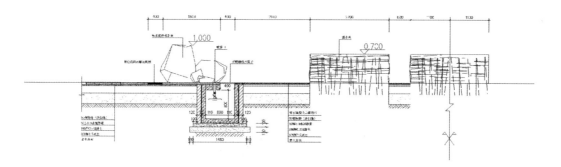

图 5-33 D 区喷雾石雕 A—A 剖面详图

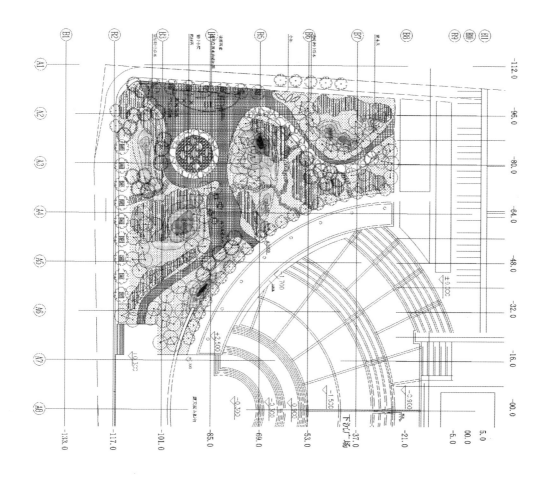

图 5-34 D 区详图

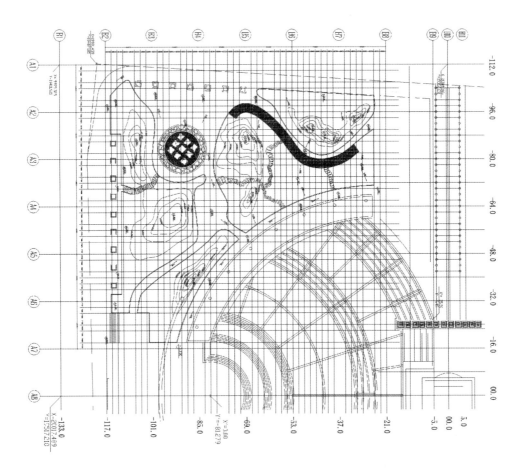

图 5-35　D 区竖向设计图

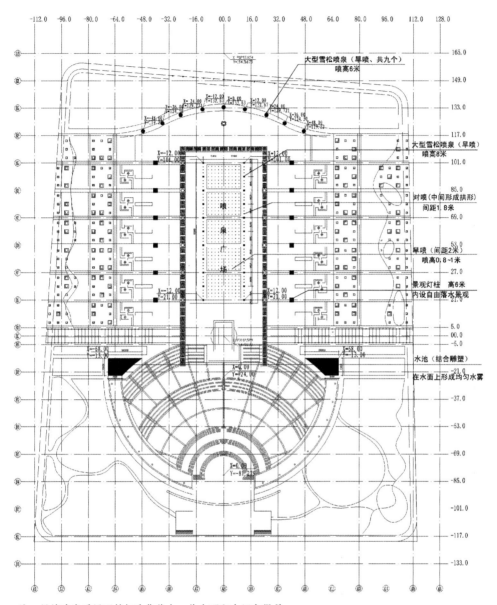

注：旱地喷泉采用石材打孔作收水，收水面积由厂家提供
参考喷泉广场与音乐、灯光结合

图 5-36　喷泉细部设计图

第六章 园区空间设计

园区空间的概念是针对某一特定单位的使用空间，如工厂、校园、机关等而言的，园区的特点是为某一特定人群服务，同时也具有一定的对外开放性。因此，在进行这一层次的空间设计时，必须了解活动其中的人在此空间中的行为模式。

第一节 园区空间的设计原则

一、从园区使用功能出发

由于园区是为某一特定人群使用的，所以必须了解这部分人在园区内部的活动规律，在此基础上明确需要划定哪些使用空间，不同使用空间之间如何进行联系，以便于公众在这一空间内工作及生活。

二、尊重园区周边环境

园区的周边环境对园区的空间布局起着一定的限定作用，在进行园区空间设计时，必须对周边环境的限定因素加以考虑，如园区周边的交通情况、自然资源等。尊重园区的周边环境，既有利于设计出合理的园区空间，又有利于对环境资源的有效利用。

三、从发展的角度进行规划

园区设计既要从目前的使用角度进行功能区域布局、道路规划等，同时也要从未来使用者对园区的可能需要出发，为未来的发展做好充分准备，这样才能应对使用者未来的发展。

四、注重设计方案的可操作性

园区一般规模较大，在规划时需要依据具体情况对设计方案的实施进行可操作性分析，在制订实施步骤时必须从合理、经济的角度出发，从而便于使用人群能够尽快使用园区空间。

第二节　园区空间的设计方法

一、功能分区

通过对规划场地及园区的具体使用进行分析，对用地进行有效划分，同时利用合理的空间组合方法对场地内的各功能区进行有效组织，突出园区的功能特点，力求做到功能分区明确，布局合理。

二、道路规划

根据对园区场地的分析，将园区内部的道路进行层次划分，一般分为园区内部主干道路网以及联络园区各功能分区的内部道路线路。当然在进行园区道路竖向设计时，还要对园区外围城市道路干线网加以考虑。通常园区道路的控制高程往往以外围城市道路规划控制高程为基础，结合现地形进行设计，以便规划园区道路能与其顺利连接。

三、空间组织与景观构成

园区的空间组织通常采用主次轴线的控制方法，依据使用功能的需求及周围环境，通过在主次轴线上设置关键节点，从而构成有序的景观，使公众在工作与生活中感受到园区疏密有致、景观丰富、层次众多的空间。

四、分期实施

根据园区的使用功能的主次进行方案的分期落实，在每一建设阶段尽量保持园区的相对完整，以利于园区能够尽快投入使用，同时要对后期的细化设计进行统一考虑。

第三节　案例分析——内蒙古工业大学新校园规划

校园既为高等教育提供物质空间，也作为教育的一部分具有更深的内涵。不仅应重视创建有形的空间，无形的、自身特有的校园环境氛围的营造同样应予以重视。因山，以绵延的给予蒙古民族魂魄的阴山山脉为依托；借水，去珍视从阴山山脉里流淌出的自然赋予塞外校园的灵气。

一、项目背景

近年来社会发展对高素质人才的需求以及高考招生条件放宽政策的颁布，使高等院校出现了严重的教学发展空间不足的现象，内蒙古工业大学也面临着同样的问题。

为了顺应这一发展趋势，在政府的大力支持下，学校决定在距校本部 21 千米的内蒙古呼和浩特市金川开发区新征教育用地 2200 亩，拟招学生规模 25000 人。宽松的用地面积为规划出疏密有致的校园提供了物质基础，北有阴山山脉——大青山为自然屏障，校区内有自上游"五一水库"流经本区用于灌溉和泄洪的水渠，得天独厚的自然环境使规划可以在尊重基地山形水貌的基础上营造出与自然共融的校园环境。校区南接宽敞的金山大道，北接连通北京和包头的 110 国道，便利的交通条件让学校在创建自身良好校园环境的同时，也为城市树立了良好的景观形象（图 6-1、图 6-2）。

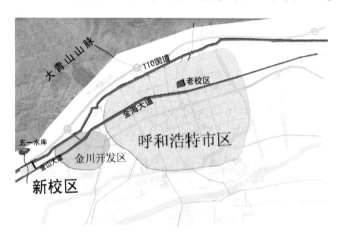

图 6-1　新校区区位图

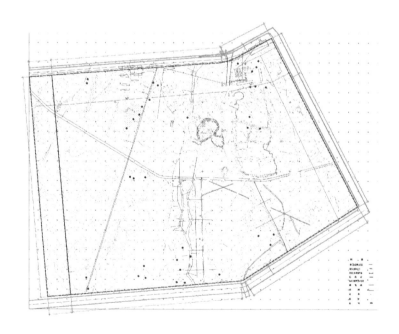

图 6-2　地形图

二、规划指导思想

规划指导思想是校园规划的灵魂。既要以现代教育理念、人本主义、生态思想为规划前提，又要把内蒙古地区的地域特征、历史文脉贯穿到规划中，从而体现内蒙古工业大学的办学特色（图 6-3、图 6-4）。

图 6-3 新校区鸟瞰图

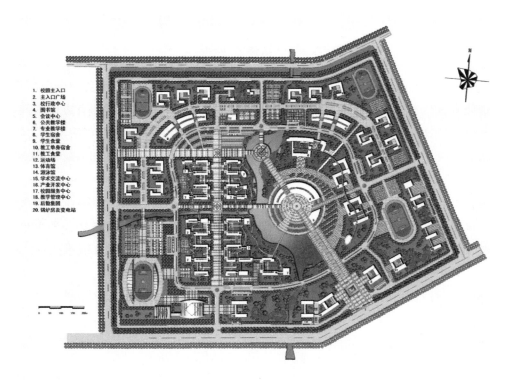

1. 校园主入口
2. 主入口广场
3. 校行政中心
4. 图书馆
5. 会议中心
6. 公共教学楼
7. 专业教学楼
8. 学生宿舍
9. 学生食堂
10. 教工单身宿舍
11. 教工食堂
12. 运动场
13. 体育馆
14. 游泳馆
15. 学术交流中心
16. 产业开发中心
17. 校园服务中心
18. 教学管理中心
19. 后勤集团
20. 锅炉房及变电站

图 6-4 新校区平面图

(一)"开放、综合、共享、互动"的现代教学理念

校园规划应服从教学理念,并为充分体现这一理念的贯彻提供物质平台,这就要求现代校园规划模式必须与现代的教学理念同步。目前,高等教育的发展趋势及教育内涵的改变决定了校园将不再是封闭的、纯粹的知识的灌输,而是以开放的空间形态,从单一的教育功能走向社会综合服务,与社会资源共享,与城市互动,并把自身的建设与城市的社会、经济、文化发展融合起来,从而带动城市发展、产业创建、全民文化素质的提高。

(二)体现"以人为本"的高情感和高技术相结合

提高学生素质是高等教育的主要宗旨。校园环境的规划是以有利于学生健康成长为目标的,通过对当代大学生的情感的关注及学生在校行为和心理需求方面的把握,努力营造富有情感的人性空间,利用多层次的公共空间来培养和促进学生的集体精神和协作创新精神。同时,也提供不同的个人空间让学生有独立思考和表达自己情感的场所。规划从总体设计到局部设计都以给学生提供合理、舒适、便捷的校园环境为宗旨,避免采用目前规划较为常用的只讲求雄伟气势的单一层次的空间模式,真正做到了"以人为本"的规划态度。

(三)"中心教学区 + 学科群"的总体布局模式

由于内蒙古工业大学新校址用地规模较大,若采用传统的严格按功能分区的规划方法,势必会产生校园内日常交通量大,部分公共设施间距太远,使用不方便的问题。为了避免这些潜在问题的出现,同时考虑到工科院校低年级学生的教学活动主要围绕公共教学区展开,高年级学生以院系专业教学区展开的教学规律,规划以校园"中心教学区"作为核心,"学科群"围绕这一核心分散布局;同时将不同年级学生的生活区布置在与各自关系密切的专业教学区周围,减少了校园的交通量,方便了学生的校园生活。此外,校园内的其他文体及公共服务设施的布局也依上述原则便捷地散布于整个校区,既方便了使用又提高了设施的利用率(图6-5)。

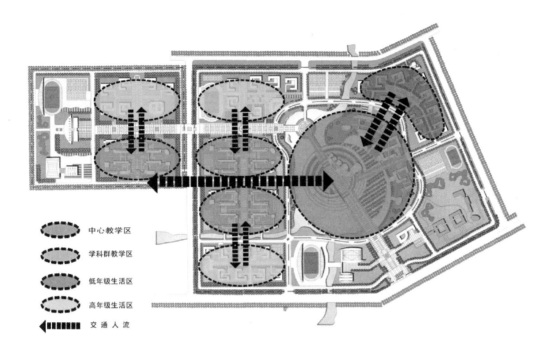

图例：

- 中心教学区
- 学科群教学区
- 低年级生活区
- 高年级生活区
- 交 通 人 流

图 6-5　"教学中心区＋学科群"布局示意图

(四)体现北方建筑布局特色

受寒冷地区气候的制约，北方建筑在形体和风格上不适于做过多变化。建筑及建筑群不能为追求形式而牺牲朝向或增大外墙面积，从而使建筑的保温防寒成本及长期维护费用加大。为此，规划设计时，通过采用体量、形体适度的建筑单体围合成小的建筑单元，这些建筑单元再围合成生活区和教学区，最后由学科群以中心教学区为核心形成整体化的校园环境，中心教学区内又存在自身的围合层次。校园的多层次也同样是这一布局特色的深层依据。多层次"围合"的整体化布局手法强调的是"意境"上的内敛，并且贯穿于规划的始终，采用不同层次的围合既可调节局部小气候，又能体现出北方建筑的布局特色(图 6-6)。

图 6-6　学科群鸟瞰图

（五）长远的校园发展宏观规划思路

集聚多所学校的城市区域布局策略，在改善城市面貌，提升城市品位的同时，也为高校间的交流互动创造了有利条件。兄弟院校间的横向交流、规模效应等优势，使得每个学校的规划不再局限于自身的用地范围。在进行内蒙古工业大学新校区规划时，通过一条贯穿整个工大校区的轴线和在校园北入口前标志节点处向西的轴向转换，将目前的工大校区和校区西侧的高职院校自然地联系起来；同时两校区相邻地段专业教学区与生活区的对应布置和西侧高职院校内标志建筑的位置选择，都充分体现了校园规划的宏观思路。这种校区之间联系的确立，给未来工业大学的发展及高职院校在教改过程中进一步提升自身教育起点的选择明确了方向（图 6-7）。

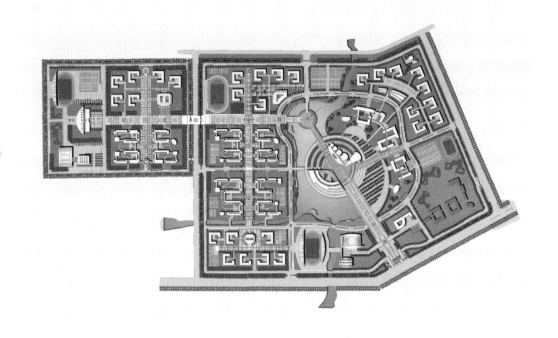

图 6-7 远期规划总平面图

(六)注重校园规划的可操作性

建筑组群对于校园环境的形成是永远不可脱离的客体。在营造特色性、标志性的校园环境时，不应脱离理性思考的轨道。当面对的是一个实际的工程，建设周期和经费都有一定的制约，且又急于投入使用时，规划的可操作性就成了必须注重的因素。在综合考虑经济、社会和环境效益的前提下，尽量做出功能合理、投资经济、节能省地、能分期施工又相对完整的规划方案，从而使校园建设能够按这一规划有效落实。

(七)"可持续发展"的生态策略

良好的校园环境对学生的健康成长有着深远的影响。"可持续发展"的生态策略是规划出良好品质校园的保证。从维系生态环境发展的角度出发，强调校园与周围环境因素的联系，珍视校园内独有的自然地貌、植被、水系，尽量利用现有资源，通过采用相对低密度和低容积率的建筑布置，使校园内保持更多的绿地和水系，从而保证生态环境的良性循环。在建筑规划和空间布局上做到疏密有致，为校园今后的发展留有建设空间。建筑基地尽量选择在不适合植物生长的土质区，限制在建设中环境污染源的产生，努力实现建设中的零排放，真正创造出"人、建筑、自然共生"的校园生态环境。

三、规划构思和布局特色

"一轴两环五线"的总体框架奠定了最终将校园营造成"塞外山水校园"的基础。"一条轴线"从东南侧校园主入口沿垂直于城市干道的方向纵深延续，贯穿整个校区；并通过这一轴线在校园北入口前标志节点处的轴向转换，将目前的整体校区与未来将要发生联系的西侧高职院校用地自然地融为一体。"两条环路"将整个校园划分为"中心教学区＋学科群"的格局。内环路的存在为校园的疏与密提供了边界，从而使边界两侧不同尺度景观布置产生了对比。中心教学区的规划围绕"水体"展开，利用"五一水库"流经此区域进行灌溉和泄洪的得天独厚的地理条件，通过经济合理的蓄水，动态地形成多处不同形式的水景，激发人们的亲水活动，渲染环境积极活泼的氛围，体现了学校的精神面貌和"塞外山水校园"的地域文化性格。"五条视线通廊"既是交通路线，同时也作为视线通廊将远山纳为校园随处可见的背景，使"塞外山水校园"的独特意境和文化气息得以充分地体现（图6-8～图6-10）。

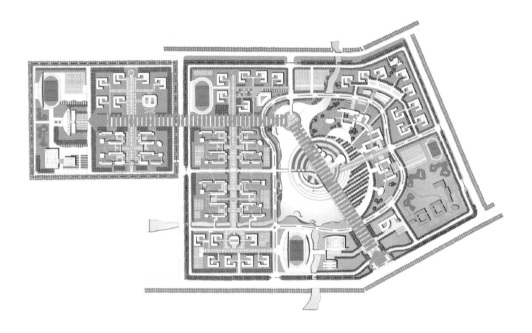

图6-8 "一条轴线"

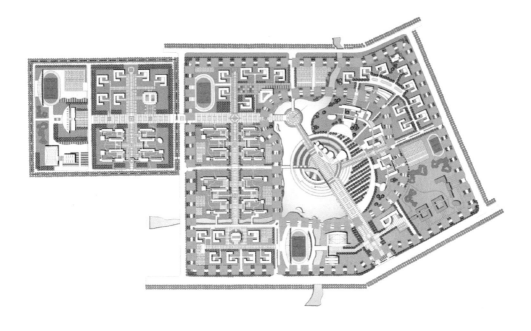

图 6-9　"两条环路"

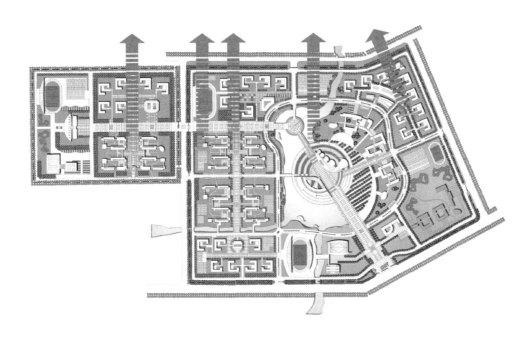

图 6-10　"五条视觉通廊"

(一)功能分析

1. 中心教学区与学科群的布局结构

采用中心教学区与学科群的布局结构以提高校园功能分区的合理性。规划中以图书信息中心、学术交流中心和公共教学区组成的"中心教学区"作为校园的核心部分,"学科群"围绕这一核心分散布局;同时将不同年级学生的生活区布置在与各自关系密切的"学科群"的专业教学区周围,从而减少了校园的交通量,方便了学生的校园生活。此外,校园内的其他文体及公共服务设施功能区的布局也依上述原则便捷地散布于整个校区内,尽可能做到校园功能分区的合理性。

2. 中心教学区建筑组团

设立中心教学区建筑组团以倡导学术交流,引导学生对专业前沿动态的把握。中心教学区内的公共教学组团绕着由图书信息中心和学术交流中心组成的核心布置,并与学术交流中心围合出较开敞的户外活动空间供学生使用。同时,图书信息中心和学术交流中心又通过相互对峙产生中心教学区的亚空间,并通过一个升起的平台将两者作为中心教学区内的核心部分进一步强化。

3. 学科群建筑组团

利用学科群建筑组团来促进教学领域里的学科交叉和资源共享,不采取强化中轴线的方法,而是采用学科群建筑组团的构成方式,营造多层次的专业教学空间,不仅能促进专业领域的学科交叉,也能达到校园资源的共享。

4. 学科群与生活区、运动区的有机结合

将学科群与生活区、运动区有机结合,从而形成便捷的校园学习、生活体系。人性化的校园设计是依学生的日常行为为标准,在学科群与生活区、运动区的布局结构上,强调教学单元与生活单元以及运动场地的有机结合。学生生活区分别放置于与各自关系较密切的教学区附近,每个生活区旁都设有运动场地,从而减少了校园的日常交通量,为学生的学习、生活提供便捷的服务。

5. 生活区建筑组团

设定生活区建筑组团来创建有亲和力的校园生活环境,生活区内部由学生宿舍建筑围合学生服务社区构成,单体建筑通过自身形体形成多个半围合的户外空间,同时这些半围合的户外空间又以服务社区形成大范围的公共生活空间,多层次的生活空间组成了多彩的校园文化生活。

6. 注重空间的层次性和人性化

注重空间的层次性和人性化,从而实现人、自然、建筑共生。校园规模较大容易造成环境和空间尺度与人们能够正常感受和品评的空间范围相疏离,因而在规划中,在中心教学区形成尺度较大的外部空间,以利于形成开阔的视野和良好的景观,从而体现学校的精神面貌和"塞外山水校园"地域文化性格。而在各学科群及生活区则围合成较小的多层次空间,实现从公共、半公共到私密空间的自然转化,为不同的使用者提供不同层次的活动场所(图6-11)。

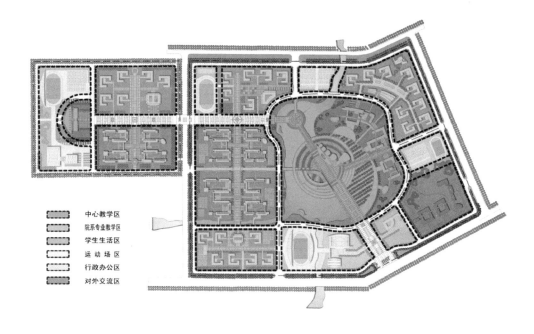

中心教学区
院系专业教学区
学生生活区
运动场区
行政办公区
对外交流区

图 6-11　功能区布局图

(二)道路系统规划

1. 道路体系

将双环路、支路组成的车行体系与校园步行系统相结合,将校园内的道路进行分级规划,设计了高效便捷的内外双环机动车道,以内环围合中心教学区,并连接各教学区、生活区、运动区,与辅助的外环机动车道形成双环机动车行体系,方便了校园的日常交通。同时加强了中心教学区的整体性,避免了车流对中心区的干扰;步行系统和车行系统有机结合,共同建构安全畅通的校园交通流线体系。校园主环路为正常机动车、自行车、行人的通道,学科群、生活区之间的次干道以自行车、行人通行为主,必要时贵宾与消防车可通行。建筑之间的通道为行人、自行车休闲通道。

2. 停车场规划

从实用合理与校园景观的角度来进行停车场规划。机动车停车场结合道路和绿地布置,同时满足使用方便和景观优美的要求。对因新校区距市中心区较远而增加停车数量做了充分的考虑,做到能适应将来发展的需要。自行车停车与建筑设计统一考虑,可利用半地下层进行安排,确保使用和管理上的便捷以及景观上的完整形象(图 6-12、图 6-13)。

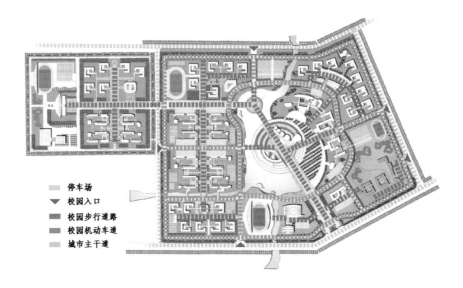

图 6-12　交通布局示意图

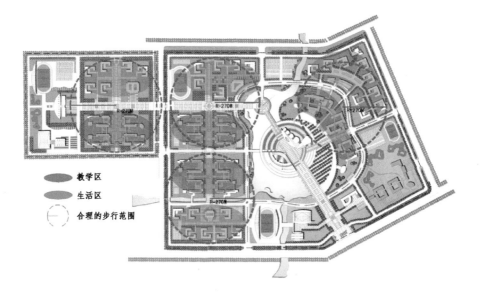

图 6-13　合理步行半径示意图

(三)空间组织和景观构成

空间结构采用一条明确视觉轴线加一个开敞中心景观空间和建筑组团，从而形成疏密有致的、景观丰富的、多层次的空间。视觉主轴线从东南侧校园主入口起，沿垂直城市干道的方向纵深延续，在校园北入口前标志节点处轴向转换，然后一直向西延伸，保障了校园未来的发展。视觉轴线的开端是与开敞空间结合起来表达校园精神面貌和文化品质的。在这里，可以看到自然形式的水面、绿地、校园内重要的建筑以及远处巍峨的群山，塞外山水校园的独特意境和文化气息得以充分体现。开阔的空间沿轴线在校园北入口节点处转换，变得收敛，学科群及生活区内井然有序的小尺度空间的特征，视觉轴线末端通向高职院校的端景进一步加强了空间层次感和秩序感。校园主入口处的开敞景观空间围绕着"水体"进行，利用"五一水库"流经此区域进行灌溉和泄洪的有利条件，经济合理地规划建筑与水体的关系，使空间在这里得以充分放大，体现了学校的精神面貌和地域文化特征（图6-14、图6-15）。

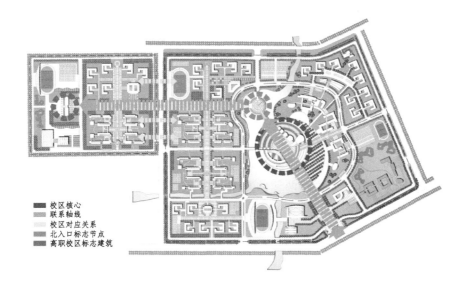

图6-14 景观轴线图

学科群与生活区等处空间均以建筑组团空间的形式出现，组团空间同时也是北方地域气候与文化特征的反映。组团空间相互独立又彼此联系，围合出不同需求的活动和交往场所，促进了人与环境的互动。

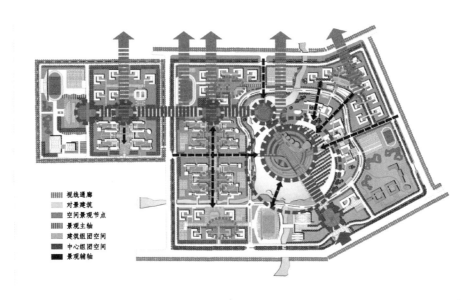

图例:
视线通廊
对景建筑
空间景观节点
景观主轴
建筑组团空间
中心组团空间
景观辅轴

图 6-15　景观分布示意图

(四)绿地系统规划

1. 点、线、面、体结合的整体布局手法

绿地的布局一改既往在建筑和道路的空余地填塞绿地的做法，而是从环境整体出发，结合人们的行为特征与建筑、道路有机整合，形成宜人的室外环境。校园中央地带的绿地结合水面形成大尺度的开敞绿色空间，体现了"塞外山水校园"的地域风貌和文化内涵。校园周边和主要道路两侧的乔木和灌木，形成线形绿带。校园内学科群及生活区建筑均为组团的形式，此处的绿地与组团配合呈点状分布，它们的组合增加了校园空间的秩序感和韵律感，也为小尺度交往空间提供了积极的条件。

2. 体现人文关怀

校园内较高的绿地覆盖率改善了北方校园干燥多风沙条件，为师生提供了宜人的户外交往空间。校园周边的绿地与树木共同起到了阻隔城市干道噪声的作用，确保了校园幽雅安静的学习环境，不仅为校园，也给城市提供了良好的景观(图 6-16)。

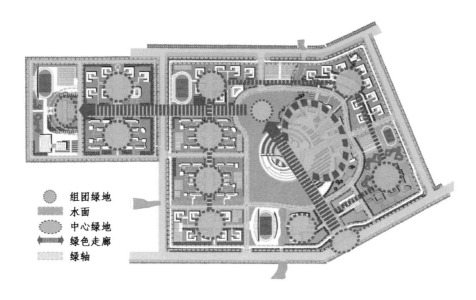

图 6-16 绿化布局示意图

组团绿地
水面
中心绿地
绿色走廊
绿轴

(五)水体规划

1. 充分利用得天独厚的用地条件

充分利用流经规划用地内的"五一水库"的水资源,动态地形成多处不同形式的水景,激发人们的亲水活动。水与坡地、建筑、远山相呼应,将塞外山水校园的意境完美地表达出来。

2. 水体线面结合

校园中央开敞地采用大面积水域,配合亲水草坡、标志建筑,与远处的高山确立塞外山水校园的概念,同时也为这一开敞地段大尺度的景观提供了视觉距离。校园内学科群、生活区等多处区域引入水流借以增加校园的活力(图6-17、图6-18)。

图 6-17　中心区平面图

图 6-18　中心区鸟瞰图

四、规划分期实施

规划本着各阶段建设都能保持校园相对完整的思路，一次规划，分期实施。一期包括中心教学区、行政管理区、部分专业教学区、部分生活区、部分户外活动设施和相应服务设施；二期包括大部分专业教学区、大部分生活区、主要运动区、部分对外交流区和相应服务设施；三期包括所有教学区、生活区、运动区、对外交流区和相应服务设施；四期完善校园生态环境，细划各功能区（图 6-19～图 6-22）。

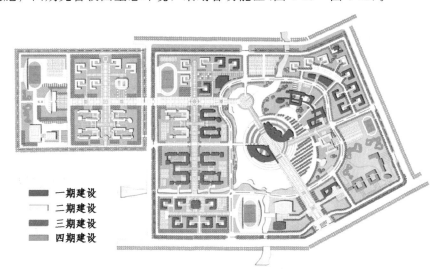

图 6-19　分期建设示意图

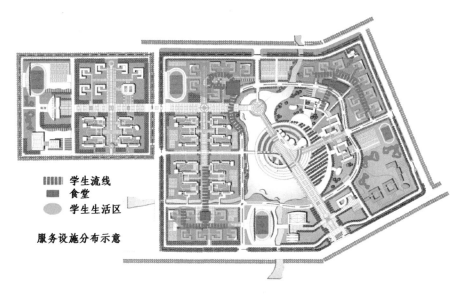

图 6-20　服务设施分布图

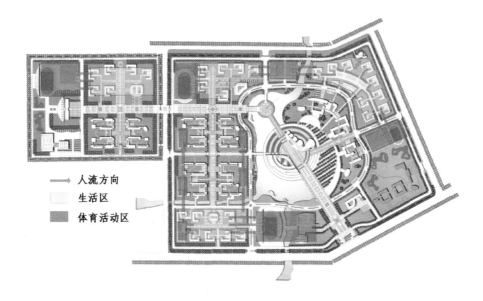

图 6-21　体育活动区分布图

图例：
→ 人流方向
生活区
体育活动区

图 6-22　学科教学楼示意图

五、经济技术指标

内蒙古工业大学新校区总用地面积为 1466500 平方米（2200 亩）；总建筑面积为 476750 平方米，总容积率为 0.32，绿地率为 0.48，建筑密度为 9.2。

六、规划设计依据

校区规划依据内蒙古工业大学新校园总体规划任务书、用地的地形地貌图、《普通高等学校建筑规划面积指标》、《普通高等学校基本办学条件指标（试行）》及国家和地方有关法律、法规。

　　校园规划是一个过程，一个通向真实的、人性的、生态的校园环境的过程。实施校园规划方案的过程，会受到国家教育发展趋势、地方政府支持、学校综合实力等诸多因素的影响。但只要本着踏实的，以真正办好大学为目的的规划指导思想，并从这一指导思想中寻求设计理念，付诸实施，就能营造出具有良好品质的校园环境。

第七章 居住区空间设计

居住区空间设计必须符合公众的居住需要，设计是否合理直接关系到居民的生理、心理等诸多方面。避免片面追求崇洋、奢华，而从公众日常真正需求出发进行设计，才能设计出合理的居住环境。

第一节 居住区空间的设计原则

一、满足公众对居住环境的使用功能需求

无论对什么规模及档次的居住环境进行设计，首先应该满足公众对居住环境的使用功能需求，从而很好地满足公众日常的居住、出行及休闲活动。在满足公众日常生活便利的基础上，再进一步从视觉上对居住环境进行调整。

二、保护原有的环境资源

从尊重原有环境出发进行居住环境设计，使人为营造的构筑物所带来的副作用最小，以确保原有环境景观结构和功能的完整性，对居住环境的设计必须以对原有自然环境资源的保护和利用为前提，必须强调人类居住环境从属于所处自然大环境，且与之不可分割。

三、强化地域文化特征

注重居住区所在地域的自然环境的特征及地方色彩，挖掘、提炼居住区地域的历史文化传统，并在居住环境的设计中加以体现，以突出地域文化特征，让居住区更具特色，使得居民产生一定的归属感。另外，还应注重居住区文化构成的丰富性、延续性与多元性，以赋予公共设施、建筑小品以高层次的文化品位与特色。

四、注重经济性原则

公众对居住环境的要求越来越高，投资也随之不断增大，注重经济性，既要计算一次性建设投资，也要计算建成后的日常运行和管理维护费用。在设计过程中尽可能利用自然采光、自然通风、被动式集热和制冷，减少因采光、通风、供暖、空调所导

致的能耗和污染，关注室内外环境的沟通与协调，强调环境的良性循环和发展。

五、注重安全原则

在进行居住环境设计时，尽量从居民日常安全角度出发，来进行居住区内部的交通布置、活动场地的位置安排、照明环境及公共设施的设置等，从而减少因设计给公众带来的日常安全隐患。

六、预见性原则

居住区的规划虽然是为解决当前公众的居住问题，但一定要从发展的角度来进行整体结构、道路布局及公共设施的布置，从而应对未来会出现的诸多问题。

第二节　居住区空间的设计方法

一、根据居住区规模进行设计定位

居住区规模有大有小，规模的大小主要取决于人口和用地，通常以人口作为主要规模划分依据。在规模确定的前提下进行居住区内结构的确立、公共设施的布局、道路交通的设置等。

二、功能分区合理，空间所属明确

空间的合理划分，首先应明确公共空间与私密空间的界限，即各自领域的大小，并采用公共区域、半公共区域、半私用区域、私用区域这种渐进的空间过渡形式，减少空间变化的突兀感以及公众心理上的不适应感，有效连接空间，为私密空间提供安全感，为公共空间营造活动氛围。不管采用什么样的规划设计模式，居住区环境设计首先应满足公众的使用功能需要，在此基础上再做到景观优美，这就是"以人为本"和"适用、经济、美观"原则所在。

三、交通及道路的布置

居住环境的道路布局非常重要，这既关系到公众日常出行的方便与否，更关系到公众的生命安全，因此在规划时必须认真考虑。居住环境的道路有别于城市道路系统，须对公众在环境中可能发生的各种活动加以综合考虑，通过采用对道路适度弯曲设计、限定车速、标牌提示等措施，来降低机动车对居住环境内公众的威胁，从而保证公众的日常出行安全。

四、有针对性地进行绿化设计

居住环境的绿化设计要体现出针对性，要根据不同区域的使用需求进行有目的设置绿化形式及植物配置。公共中心绿地、住宅组团绿地和宅间绿地等组成要素的功能作用不同，对其绿化形式和植物配置也不一样，正是由于这种差异才能丰富小区绿化的形式。同时利用绿化形式及植物配置来强化居住环境特色，并应体现四季变化。

五、公共设施的配置

设计合理的居住环境，不只是体现在视觉环境的幽雅，公共设施的齐全及设置的合理也是令居民满意的重要方面。应结合当地气候、公众生活习俗等进行项目设施的配置，公共设施的选取应以实用为主，设置目的明确，要符合居民的日常行为特点和使用要求。

六、注重视觉效果

居住环境除了要满足公众日常行为的功能需求外，创造优美的景观效果以满足公众更高层次的精神享受也是居住区环境设计的主要目的。利用地形、绿植、水景以及建筑小品，从视觉角度来丰富居住区的视觉环境，从而给居住其中的人们带来愉悦。

第三节 案例分析——奥林生态园居住区空间设计

一、工程概况

奥林生态园居住区基地位于内蒙古呼和浩特市金桥开发区世纪大道以南，东临喇嘛营路，西临大台什路。占地面积 13.737 公顷，建设规模约为 139512 平方米，其中住宅建设面积为 132288 平方米，总户数为 712 户；公共建筑面积为 7224 平方米，并配套停车场、健身场等设施。绿地率设定为 43％，日照间距为 1.73。

二、设计原则

贯彻以人为本的思想，以建设人文型、生态型居住环境为规划目标，创造布局合理、功能齐备、交通便捷、绿意盎然、生活方便，具有文化内涵的居住区。注重居住地的生态环境和生活质量，合理分配和使用各项资源，全面体现可持续发展的思想，把提高人居环境作为规划设计和建筑设计的基本出发点和最终目标。

滨水空间的营造、绿化空间的流动是现阶段改善居住地生态环境的有效手段。完善的配套设施、便捷的交通系统、宜人的空间设计以及健身休闲、娱乐场所的设置，将有助于居民生活质量的提高。

强调水脉、绿脉与居住区生活活动的融合，以点状的组团绿地、带状的滨水林荫步行道和不经意散落在地块中的小尺度的步行广场构成地块的景观视线，追求"诗意的栖居大地"的生存理念，满足不同层次的居民活动的需求，将地块整体的、组团的、邻里的交往空间与自然流动的建筑空间、景观空间融合在一起。

三、总平面设计

依据甲方提供的设计任务书和地形资料进行设计。在用地范围内合理安排住宅用地并设置相应的换热站、垃圾中转站、配电所各一个。在居住区入口处、交叉口设置景观节点，以方便居民在此空间区域内进行空间识别及定位。小区内汽车主要集中停放在地下，并设置地上停车场，供居民停放摩托车及自行车。

整个用地依据主入口的位置划分为南北两个区域，通过景观广场将两个区域联系在一起。北区户型主要以 A、B 两种户型为主。A 户型标准面积为 153 平方米，B 户型标准面积为 196 平方米。主要的运动场地都集中在北区，如游泳池、篮球场、网球场等。南区分布着 A、B、C 三种户型，其中 C 户型的标准面积为 285 平方米，主要的户外休闲场地均匀地布置在南区。公共建筑主要分布在朝西的主入口两侧，这既便于小区居民出入时使用，也便于小区外的居民共享资源(图 7-1)。

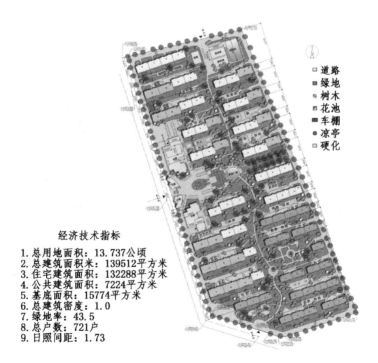

□ 道路
□ 绿地
• 树木
□ 花池
■ 车棚
• 凉亭
□ 硬化

经济技术指标

1. 总用地面积：13.737公顷
2. 总建筑面积米：139512平方米
3. 住宅建筑面积：132288平方米
4. 公共建筑面积：7224平方米
5. 基底面积：15774平方米
6. 总建筑密度：1.0
7. 绿地率：43.5
8. 总户数：721户
9. 日照间距：1.73

图 7-1 总平面图

四、技术经济指标

总用地面积为 13.737 公顷，总建筑面积为 139512 平方米（不含车库及阁楼面积），住宅建筑面积为 132288 平方米，公共建筑面积为 7224 平方米，基底面积为 15774 平方米；绿地率为 43%，总户数为 712 户，日照间距为 1.73。

五、环境景观设计

居住区内的景观依据住宅分布灵活布置，主要的景观节点分布在朝西的主入口处，打破景观的常规均质布局方式，给出入小区的居民良好的视觉效果。宅间以直线型道路和弯曲的散步小径相结合，利用草坪的穿插与分割，形成丰富的庭院，庭院中体现宁静、半私密的居住氛围，各庭院布置儿童活动场所和休息小平台。活动场地集中设置在场地的东北角，从而做到闹静分区，尽量避免影响居民的正常休息。

六、建筑设计

住宅户型主要偏重于大户型，根据业主要求主要提供给二次置业的居民，户型分为 A、B、C 三种，面积配置详见单体图（图 7-2～图 7-10）。

图 7-2　A 户型效果图

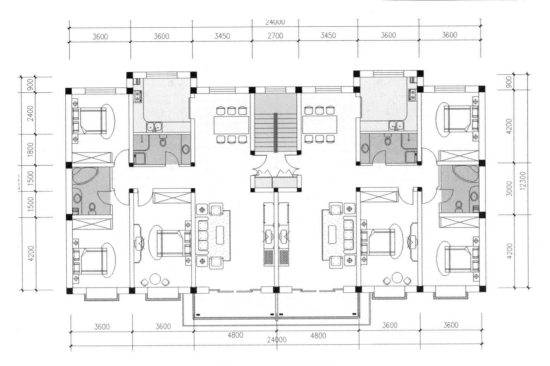

图 7-3　A 户型平面图

图 7-4　A 户型南立面

图 7-5　B 户型效果图

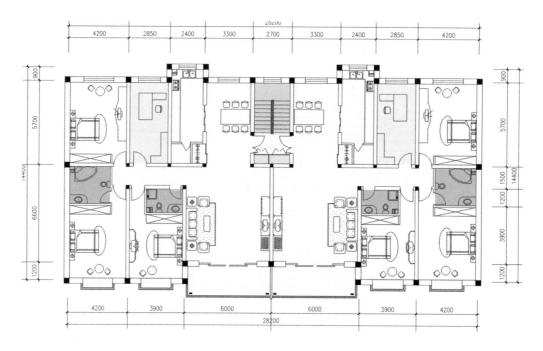

图 7-6　B 户型平面图

图 7-7　B 户型南立面

图 7-8　C 户型效果图

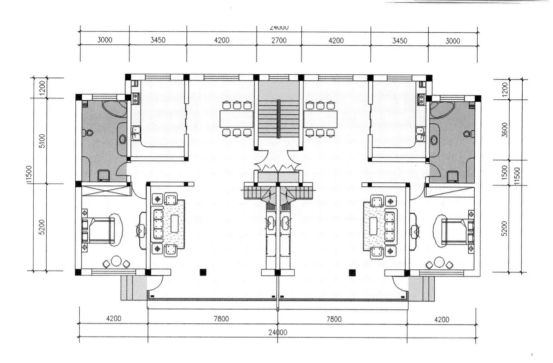

图 7-9 C 户型平面图

图 7-10 C 户型南立面

建筑形式采用传统坡顶、红瓦及三色面砖，配以分色线条，阳台及入口楼梯间点缀花岗岩。白塑钢玻璃门窗营造温馨素雅的生活气氛。造型上采用现代风格和古典主义相结合，体块的变化与立面装饰的合理搭配，充分展示时代气息，通过构件的有节奏的重设，加强整体形象的冲击感，充满阳光的味道，体现小区人与自然的设计核心。所有户型充分考虑当地居民对室内环境品质的要求，将起居室与餐厅设计成统一的大空间，减弱套内空间的狭小感，增加了视觉的通透性，同时也照顾到住宅通风采光质量的改善。

小区停车采用地上停车和地下停车相结合的方法，汽车主要集中停放在地下，并设置地上停车场，供居民停放摩托车及自行车。地下车位平均每户 1.5 个。

七、结构设计

建筑安全等级为二级,设计使用年限为 50 年。建筑抗震设防类别为丙类。抗震设防烈度为 8 度。结构选型方面:别墅采用以砖墙承重加异性构造柱结构。半地下室车库采用钢筋混凝土框架结构,多层住宅采用砖混结构,楼盖均采用钢筋混凝土现浇梁板楼盖。

八、给排水设计

多层住宅生活给水由市政管网直接供水,住宅每户设分户水表。自来水直供水表集中设于管道井。室内排水采用污、废合流制,排至室外经汇合后接入市政排水管网。屋面雨水排水采用有组织外排水。

九、电气设计

在居住区南北两部分分设两座变电站,公建部分另设变电站。进户配电干线均采用 YJV22-0.6/1kV。室内照明、插座线以 BV-300/500V 型导线穿 PVC 管暗敷为主。住宅用户共计 712 户,100m² 以上按 8kW/户设计,40A 单相表集中在一层设计量箱。电梯等公共用电计量表箱集中在一层安装。每套住宅内设暗装住户配电箱一个,按照明、插座、空调等分区域、分回路配电。

十、消防设计

住宅四周设环道消防车道,建筑间距满足日照及消防间距。自市政给水管网引入两根 DN200 给水管沿小区布置成环状。室外消火栓的布置间距不超过 120m。室外消火栓的保护半径不超过 150m。室外消火栓直接利用市政自来水管网压力供水。

十一、节能设计

小区所处场地平坦,日照充足,自然通风良好。小区群体组合采用自然的围院组群布置,各幢住宅朝向通风均十分合理,没有采用不利于自然通风的周边式和混合式布局。住宅间的间距大于等于 1:1.73,满足冬至日底层南向房间日照不少于 3 小时。建筑的体形系数均在 0.32 以下。南向采用部分封闭阳台,南向设凸窗和飘窗。汽车库、商铺内照明采用日光灯。电梯、水泵采用变频控制。

十二、安全防疫

所有住宅道路畅通,出入口便捷,有利于安全及卫生。住宅间距满足 1:1.73 的日照间距及消防要求。按规范要求设防雷接地系统。场地设计标高高于常年最高洪水水位，保证场地排水通畅。建筑物中有高差处均设 1.05m 高的防护栏杆。建筑物中窗台高为 400mm，采用下部 500mm 高钢化玻璃固定窗，上部大面积采用不小于 600mm 宽的开启窗。住宅厨房内设集中排烟烟道通至屋顶排放，卫生间设排气道，有效地保障了室内外卫生环境。除空调回路外，插座回路均设剩余电流动作断路器。浴室均设局部等电位联结端子箱，电梯轨道、桥架等均做接地。小区内所有无障碍设施均按《无障碍设施设计标准》设计。

第八章 建筑所属外部空间设计

本书的建筑所属外部空间是指在用地范围内，建筑与周边构筑物、城市街道之间存在的空间。它受建筑制约，是从外部环境进入到建筑内部的、有秩序的过渡空间，是为建筑的有效使用而营建的、有目的的外部空间环境。需要说明的是，本书中提到的"建筑所属外部空间"有别于日本建筑师芦原信义所指的广义的"建筑外部空间"。

第一节 建筑所属外部空间的功能划分

建筑所属外部空间按功能分为公众使用的领域及除公众之外包括交通工具的使用领域。由于建筑所属外部空间是为特定的公众设计的，所以要求以限定空间的手法创造一定的封闭感。同时，建筑所属外部空间不同于建筑内部空间，它应该具有开敞、流动的特点。建筑所属外部空间通常可以划分为如下几个功能区域。

一、外部空间边界

对所属建筑用地的外部空间边界进行限定，能够明确建筑外部空间范围，从而把建筑所属外部空间从周边环境中划分出来。处理外部空间边界的手法很多，根据建筑用途及使用人群的涵盖范围，通常可以处理成相对开敞的边界及相对封闭的边界。

二、出入口、道路与停车场

出入口是公众从周边环境进入建筑所属外部空间的起点；建筑所属外部空间内的道路布局是公众日常活动的依据，通常视建筑所属外部空间的规模大小可以设置机动车的交通系统及公众步行系统。停车场的设定应根据公众所需进行灵活布置。

三、开敞空间

建筑所属外部空间是建筑内部空间的延展，因此在设计时要根据外部空间的大小及公众使用的需求适当布置开敞空间，以便于公众日常交流及活动，开敞空间的存在有利于形成外部空间的秩序。

四、绿化区域

绿化区域同样是营建建筑所属外部空间的重要一环，根据周边环境及外部空间的形态，合理地设置树木及花草，是提升建筑户外环境品质的重要手段。

第二节　建筑所属外部空间的设计原则

一、尊重周边环境

建筑所属外部空间的设计同建筑设计的道理一样，重在得体。"得体"所暗含的一部分意义就是尊重建筑所处的周边环境，从周边环境的特点来探寻设计切入点，从而构建有效、合理的建筑外部空间。

二、注重内外空间联系

建筑所属外部空间是建筑内部空间的延展，因此在进行外部空间设计时，需要从建筑内部空间的序列出发，将外部空间的营建与内部空间的秩序紧密联系在一起，从而设计出符合公众日常行为模式的外部空间环境。

三、突出建筑个性

在注重建筑得体的设计前提下，也需要赋予建筑一定的个性。建筑个性的彰显主要取决于建筑本身的形态，但同时也应注意到，利用建筑所属外部环境的营造，同样能起到突出建筑个性的作用。

四、体现人为关怀

无论是建筑内部空间的设计，还是建筑所属外部空间的营造，目的都是为了给公众提供一个合理舒适的使用空间，因此，必须以公众的日常行为模式为设计依据。所以，外部空间的出入口位置设定、道路布局、绿化与小品、公共设施等都应从公众的方便实用出发，从而真正体现出人文关怀。

第三节 案例分析——鹿鸣山庄私人会所景观设计

一、鹿鸣山庄私人会所景观设计

(一)设计目标

鹿鸣山庄私人会所是整个"鹿鸣山"项目的点睛之笔,在统筹规划上与"鹿鸣山"的山水文化统一起来,进一步展示了天龙集团"鹿鸣山"项目绿色生态、和谐统一的可持续发展战略。

项目依托天龙集团的整体优势,以绿色、生态、和谐、可持续发展的概念,梳理整合原有环境,形成生态特色,以点带面,提升整个"鹿鸣山"项目的品牌形象,从而体现天龙集团的实力与企业文化魅力。

(二)现状分析

1. 区位

会所周边环境复杂,如图 8-1～图 8-4 所示。

图 8-1   图 8-2

图 8-3   图 8-4

2. 环境

会所处于整个山地的中间位置，且地势不平坦，高差较大，如图8-5～图8-8所示。

图 8-5

图 8-6

图 8-7

图 8-8

3. 建筑(图 8-9～图 8-12)

图 8-9

图 8-10

图 8-11

图 8-12

(三)设计说明

鹿鸣山庄私人会所景观设计方案通过对原有环境的梳理，充分体现人性化的、个性化的绿色生活空间、商务活动空间和休闲聚会空间。

遵守和谐统一原则是本次设计的基本原则。根据建筑方案所表达的有趣大方的建筑形式，仔细研究建筑与环境的关系，结合会所现有景观进行整体布局，从而减少建设投资，提高经济效益。强调将建筑融入环境，建筑与环境相互衬托，和谐统一，交相呼应。环境小品生动活泼、形式多样，成为环境的点缀和烘托。

从建筑的空间围合形态上，景观设计注意人在不同空间场所中的心理体验。会所景观设计注重内庭景观与会所大景观的相互渗透(图 8-13～图 8-28)。

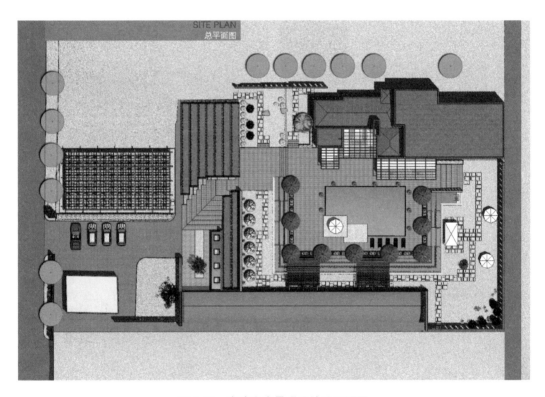

图 8-13 鹿鸣山庄景观设计总平面图

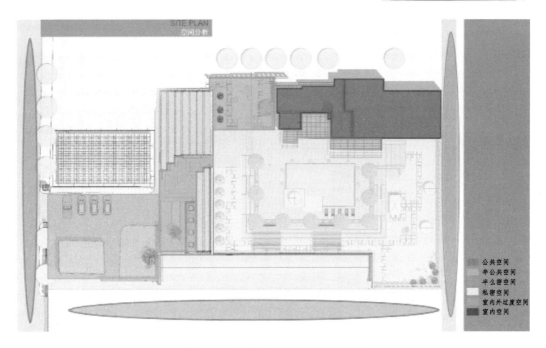

图 8-14 鹿鸣山庄景观空间分析图

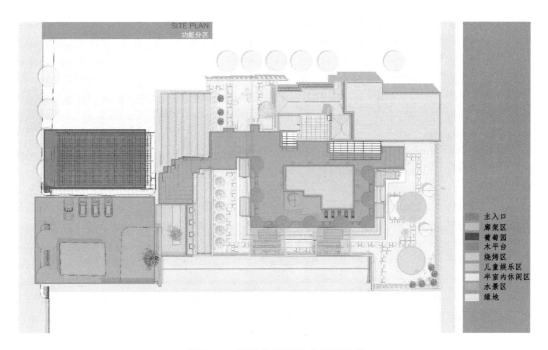

图 8-15 鹿鸣山庄景观功能分区图

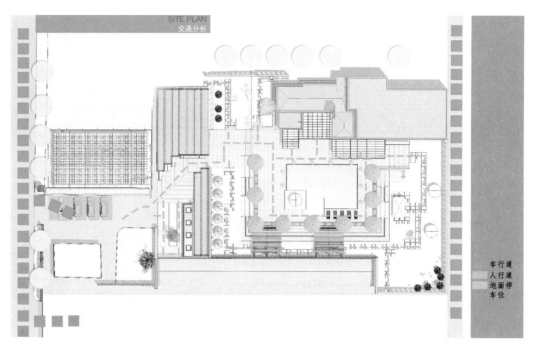

图 8-16 鹿鸣山庄景观交通分析图

图 8-17 鹿鸣山庄鸟瞰图(1)

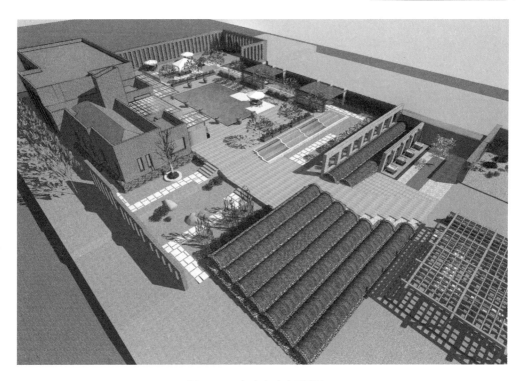

图 8-18 鹿鸣山庄鸟瞰图(2)

图 8-19 鹿鸣山庄效果图(1)

图 8-20　鹿鸣山庄效果图(2)

图 8-21　鹿鸣山庄效果图(3)

图 8-22　鹿鸣山庄效果图(4)

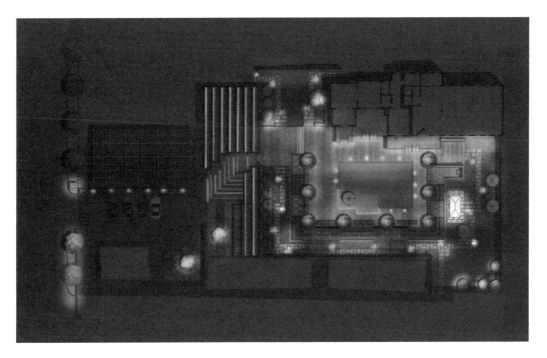

图 8-23　鹿鸣山庄夜景效果图(1)

图 8-24　鹿鸣山庄夜景效果图(2)

图 8-25　鹿鸣山庄夜景效果图(3)

图 8-26 入口空间设计效果图(1)

图 8-27 入口空间设计效果图(2)

图 8-28　入口空间设计效果图(3)

二、金昌市剧院及传媒大厦概念设计

(一)解读

剧院不单纯指一个被人临时使用的观看演出的场所,而应该是一个全天候的能提供丰富城市生活的平台,是一个由众多的人参与的舞台。

传媒大厦对外,是展示形象,传递信息的窗口;对内,是学习先进文化,加强交流的窗口。

建设地块位于南北政治轴的西侧,东邻市民广场(图 8-29)。

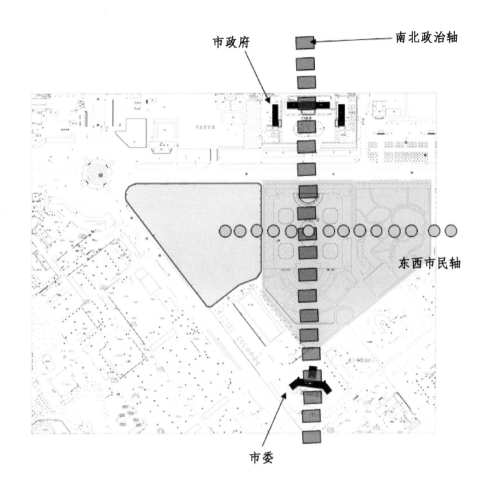

图 8-29　基地周边环境

(二)业主决策者的需求

第一，表达一定的政治倾向——传递与时俱进、锐意进取的精神。

第二，为广大人民谋利益——打造真正的市民全天候参与的市民广场(图 8-30)。

图 8-30　市民广场参考图

(三)设计意向

以城市客厅——永不落幕的舞台为出发点展开设计,具体从以下三个方面来展开设计。

第一,绿化公园形成整体的完整公园形态。南北、东西轴线对称,首层架空,屋顶循环可上人,人们无论有没有观演都能参与其中。

第二,立面肌理。通过对建筑体积感的强调,暗喻出山石般的大气和厚重之感,以干净利落为主基调,立面肌理体现出金属的品质。

第三,空间。以三条轴线的焦点形成整个空间的"虚"的核心,使得用地内建筑风格统一,不至于凌乱(图 8-31～图 8-46)。

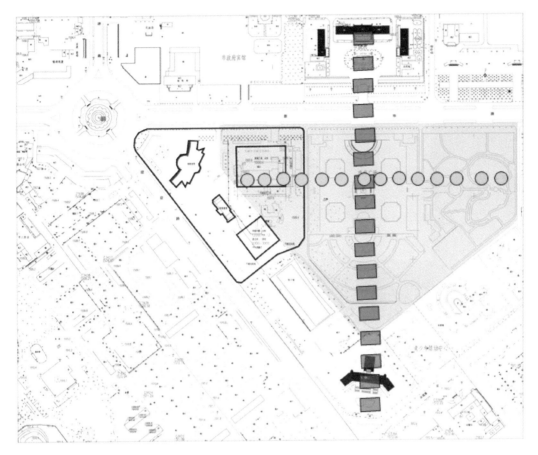

图 8-31　设计意向图

图 8-32　首层架空参考图(1)

图 8-33　首层架空参考图(2)

图 8-34　屋顶设计参考图

图 8-35　建筑立面参考图(1)

图 8-36　建筑立面参考图(2)

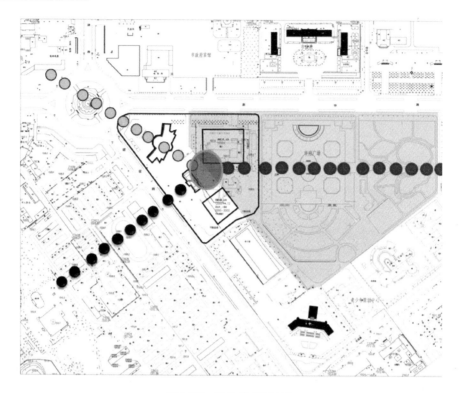

图 8-37　设计分析图(1)

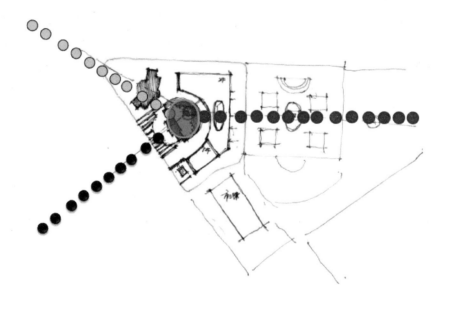

图 8-38　设计分析图(2)

168

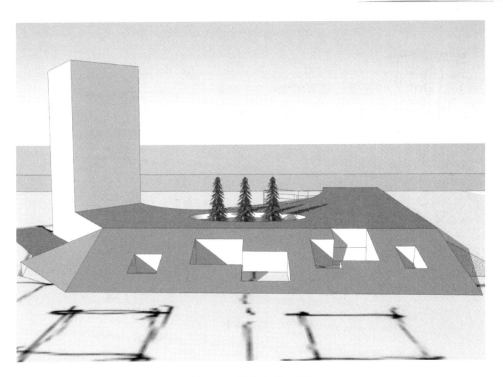

图 8-39　概念方案一(1)

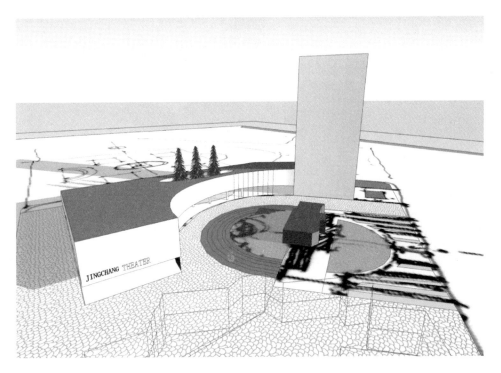

图 8-40　概念方案一(2)

169

图 8-41　概念方案一(3)

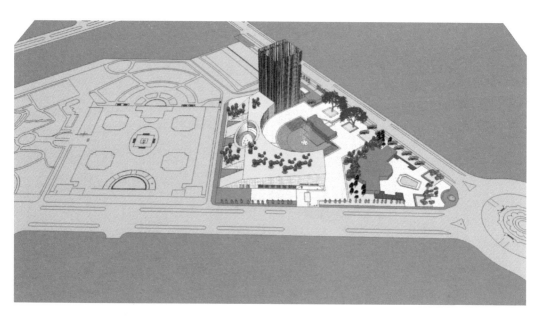

图 8-42　概念方案一(4)

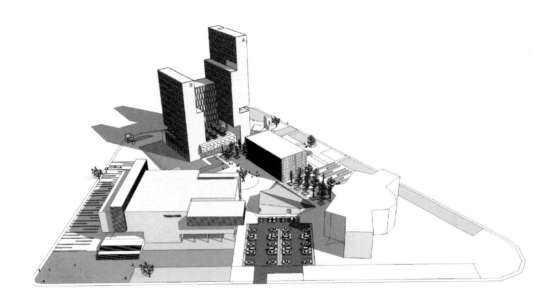

图 8-43　概念方案二(1)

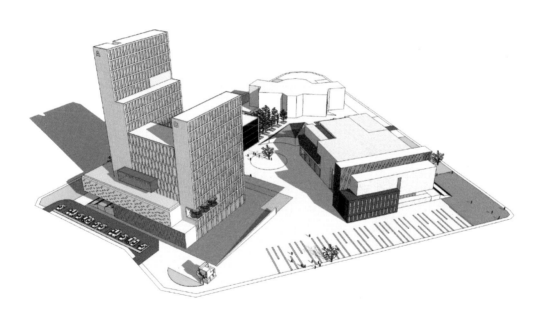

图 8-44　概念方案二(2)

图 8-45　概念方案二(3)

图 8-46　概念方案二(4)

参考文献

白德懋. 城市空间环境设计. 北京：中国建筑工业出版社，2002

黄晓鸾编著. 居住区环境设计. 北京：中国建筑工业出版社，2000

李德华主编. 城市规划原理. 3版. 北京：中国建筑工业出版社，2001

刘滨谊. 现代景观规划设计. 南京：东南大学出版社，1999

刘福智等编著. 景园规划与设计. 北京：机械工业出版社，2003

刘先觉主编. 现代建筑理论. 北京：中国建筑工业出版社，1999

阮仪三主编. 城市建设与规划基础理论. 天津：天津科学技术出版社，1999

孙成仁. 城市景观设计. 哈尔滨：黑龙江科学技术出版社，1999

王富臣. 城市广场：概念及其设计. 华中建筑，2000(4)

王建国. 现代城市广场的规划设计. 规划师，1998(1)

王建国. 现代城市设计理论和方法. 南京：东南大学出版社，1991

王建国编著. 城市设计. 南京：东南大学出版社，1999

王江萍，姚时章编著. 城市居住外环境设计. 重庆：重庆大学出版社，2000

王柯等编著. 城市广场设计. 南京：东南大学出版社，1999

夏云等编著. 生态与可持续建筑. 北京：中国建筑工业出版社，2001

夏祖华，黄伟康编著. 城市空间设计. 南京：东南大学出版社，1992.

徐思淑，周文华. 城市设计导论. 北京：中国建筑工业出版社，1991

阳建强，吴明伟编著. 现代城市更新. 南京：东南大学出版社，1999

应立国，束晨阳编著. 城市景观元素：国外城市植物景观. 北京：中国建筑工业出版社，2002

朱建达编著. 小城镇住宅区规划与居住环境设计. 南京：东南大学出版社，2001

[美]G. 卡伦. 城市景观艺术. 刘杰编译. 天津：天津大学出版社，1992

[美]凯文·林奇. 城市的印象[M]. 项秉仁译. 北京：中国建筑工业出版社，1990

[美]克莱尔·库珀·马库斯，(美)卡罗琳·弗朗西斯. 人性场所. 俞孔坚等译. 北京：中国建筑工业出版社，2001

[美]麦克哈格著. 设计结合自然. 芮经纬译. 北京：中国建筑工业出版社，1992

[美]约翰·西蒙兹. 景观设计学. 俞孔坚等译. 北京：中国建筑工业出版社，2000

[英]布赖恩·爱德华兹. 可持续性建筑. 周玉鹏，宋晔皓译. 北京：中国建筑工业出版社，2003